U0272090

贵州常见饲草

青贮饲料制作与利用技术

郝 俊 陈 超 程 巍 赵丽丽 编著

中国农业科学技术出版社

图书在版编目（CIP）数据

贵州常见饲草青贮饲料制作与利用技术 / 郝俊等编著. —北京：中国农业科学技术出版社，2019.11

ISBN 978-7-5116-4528-9

Ⅰ.①贵… Ⅱ.①郝… Ⅲ.①青贮饲料—饲料加工 Ⅳ.①S816.5

中国版本图书馆 CIP 数据核字（2019）第 262487 号

责任编辑	陶 莲 闫庆健
责任校对	贾海霞

出 版 者	中国农业科学技术出版社
	北京市中关村南大街12号　　邮编：100081
电 话	（010）82106639（编辑室）（010）82109702（发行部）
	（010）82109709（读者服务部）
传 真	（010）82106650
网 址	http://www.castp.cn
经 销 者	各地新华书店
印 刷 者	北京建宏印刷有限公司
开 本	850mm×1 168mm　1/32
印 张	3
字 数	86千字
版 次	2019年11月第1版　2019年11月第1次印刷
定 价	58.00元

资助项目

1. 贵州省科技支撑项目"青贮玉米种质资源创新及青贮添加剂关键技术研究与示范-2"（黔科合支撑〔2017〕2504-2）

2. 贵州省科技重大专项计划"贵州白山羊产业有机生态循环和加工关键技术研究与示范"（黔科合重大专项字〔2016〕3002号）

3. 贵州省科技计划项目"贵州省杂交构树工程技术研究中心"（黔科合平台人才〔2018〕5255）

4. 贵州省草地生态畜牧业人才基地项目

《贵州常见饲草青贮饲料 制作与利用技术》

编著委员会

主 编 著：郝 俊 陈 超 程 巍

赵丽丽

副主编著：朱 欣 陈光燕 袁仕改

李龙心 冉 贤

编著人员：王 飞 董 祥 代 胜

梁龙飞 孙文涛 彭 超

周安祥 王 娅 罗玉洁

贵州众智恒生态科技有限公司

贵州务川科华生物科技有限公司

PREFACE

前言

　　贵州省"十三五"规划中要求按照现代草牧业的经营模式和理念集中打造40～50个示范场，整体推动贵州草牧业全面发展，草料需求量巨大，这给贵州草牧业发展带来新的机遇，同时也提出了更高的要求。发展草牧业，饲草料是重点，贵州目前面临着饲草料不足和季节性供求不平衡两大问题，因此要求着力夯实饲草饲料保障体系，不仅要大规模发展人工饲草料基地，而且要因地制宜地开发利用非常规饲料资源。对推动农业供给侧结构性改革，加快建设现代畜牧业具有重要的现实意义。

　　贵州目前常见的牧草资源有青贮玉米、黑麦草、苇状羊茅、紫花苜蓿、狼尾草、鸭茅、白三叶、菊苣等，而且秸秆资源丰富，每年约有1 500万t以上农作物秸秆和600万t以上藤蔓资源。但是在草产品加工方面品种比较单一，质量较低，分布零散，缺乏草产品生产的关键技术。而牧草及秸秆资源饲料化利用不仅可降低养殖成本，获取良好的经济效益，实现资源的充分利用，而且通过秸秆过腹还田，可增加土壤中的养分含量，改善生态环境等，有效科学解决人畜争粮和农牧争地问题，有利于发展"节粮型"与"非粮型"现代山地生态畜牧业。

　　青贮发酵是一个十分复杂的过程，受到温度、水分含量、微生物等诸多因素的影响。青贮实践在国内外虽然已有近千年的历史，但时至今日，掌握青贮发酵的深层次机理、合理控制发酵进程仍存在困难，也没有一种添加剂是绝对有效的。我国饲草青贮研究起步较晚，且发展缓慢，与国外有较大的差距。近些年，

随着我国畜牧业的快速发展，特别是奶牛业的崛起，对优质青贮饲料的需求量越来越大。而青贮饲料为畜牧业尤其是奶牛产业带来的巨大经济效益吸引着越来越多的科研人员、企业等投入到青贮饲料的研究中来。

青贮饲料是将切碎的青贮原料，通过微生物厌氧发酵和化学作用，在密闭无氧条件下制成的一种适口性好，消化率高和营养丰富的饲料，是保证常年均衡供应家畜饲料的有效措施。在畜牧业发展中发挥着重要作用。特别是随着我国现代化养殖的进程加快，青贮饲料作为草食家畜饲料，对其需求越来越大、质量要求越来越高。

贵州常见饲草青贮饲料制作与利用技术是一门实用性、技术性极强的读本，本书在大量运用基础知识与试验的前提下，突出实践技能及实际动手操作能力的培养。在编写过程中紧紧围绕贵州常见、常用几种饲草青贮饲料加工利用技术的关键性问题，结合农民培训的实际需求，以实用、易学、经济有效的技术为重点，兼顾现代生物技术，力求做到简单实用、内容丰富、技术先进、图文并茂。本书既可作为专业养殖小区专业户的培训教材，也可作为地方基层畜牧相关人员及规模化养殖场技术人员学习使用。

编著者

2019年5月

CONTENTS

目录

第一章 概 述

第一节 区域范围

贵州省，简称"黔"或"贵"，地处中国西南腹地，与重庆、四川、湖南、云南、广西壮族自治区接壤，是西南交通枢纽。世界知名山地旅游目的地和山地旅游大省，国家生态文明试验区，内陆开放型经济试验区。辖贵阳市、遵义市、毕节市、安顺市、六盘水市、铜仁市、黔西南布依族苗族自治州、黔东南苗族侗族自治州、黔南布依族苗族自治州。

贵州境内地势西高东低，自中部向北、东、南三面倾斜，全省地貌可概括分为：高原、山地、丘陵和盆地四种基本类型，高原山地居多，素有"八山一水一分田"之说，是全国唯一没有平原支撑的省份。

全省总面积17.61万km^2，共有9个地级行政区划单位（其中：6个地级市、3个自治州），88个县级行政区划单位（其中：13个市辖区、7个县级市、56个县、11个自治县、1个特区）。

第二节 气候特点

贵州的气候温暖湿润，属亚热带湿润季风气候。气温变化小，冬暖夏凉，气候宜人，为典型夏凉地区。降水较多，雨季明显，阴天多，日照少。受季风影响降水多集中于夏季，境内各地阴天日数一般超过150d，常年相对湿度在70%以上，在全国属高湿区。

贵州主要气候特点表现为：

第一，全省大部分地区气候温和，冬无严寒，夏无酷暑，四季分明。高原气候或温热气候只限于海拔较高或低洼河谷的少数地区，各地月平均气温的最高值出现在7月，最低值出现在1月份。就全省大部分地区而言，7月平均气温为22～25℃，1月平均气温为4～6℃，全年极端最高气温在34.0～36.0℃，极端最低气温在-9.0～-6.0℃，但其出现天数均很少，或仅在多年之中偶尔出现。全省大部分地区的气候四季分明，中心部位的贵阳市在四季划分上具有代表性，四季以冬季最长，约105d，春季次之，约102d，夏季较短，约82d，秋季最短，约76d。

第二，常年雨量充沛，时空分布不均。全省各地多年平均年降水量大部分地区在1 100～1 300mm，最多值接近1 600mm，最少值约为850mm。年降水量的地区分布趋势是南部多于北部，东部多于西部。全省有三个多雨区和三个少雨区。三个多雨区分别位于省之西南部、东南部和东北部，其中西南部多雨区的范围最大。各少雨区的年降水量在850～1 100mm。因此，对全省绝大部分地区而言，多数年份的雨量是充沛的。从降水的季节分布看，一年中的大多数雨量集中在夏季，但降水量的年际变率大，常有干旱发生。

第三，光照条件较差，降雨日数较多，相对湿度较大。全省大部分地区年日照时数在1 200～1 600h，地区分布特点是西多东少，即省之西部约1 600h、中部和东部为1 200h，年日照时数比同纬度的我国东部地区少1/3以上，是全国日照最少的地区之一。常年相对湿度在70%以上，在全国属高湿区。

第四，天气气候特点在垂直方向差异较大，立体气候明显。本省地处低纬度山区，地势高低悬殊，由于东、西部之间的海拔高差在2 500m以上，故随着从东到西的地势不断增高，各种气象要素有明显不同。在水平距离不大但坡度较陡的地区，立体气候特征更明显，群众中广为流传的"一山有四季，十里不同天"的说法，充分说明了贵州山区垂直气候的差异性。

第三节　草食畜牧业发展状况

为全面贯彻落实党中央、国务院加快农业"转方式、调结构"和推进农业供给侧结构性改革的决策部署，按照"规模发展、种养结合、综合利用、效益优先"的工作思路，以牛、羊为主的草食畜牧业得到了快速发展。截至2018年底，贵州省牛存栏465.32万头，同比下降5.49%，羊存栏401.53万只，同比增长4.71%，牛出栏157.53万头，同比增长4.33%，羊出栏297.12万只，同比增长3.87%，全省牛、羊、禽肉产量同比增长5.4%，占肉类总产量21%以上。

根据《贵州省"十三五"现代山地特色高效农业发展规划》发展要求和发展目标，全省肉牛产业坚持"一增、一保、两提高"发展战略，增加基础母牛存栏，确保基础母牛保有量，提高肉牛生产良种化率和出栏率。保护现存的基础母牛群，积极引进青年母牛，确保科学合理的畜禽结构；引进外来品种，加大对地方品种改良力度，努力提高肉牛生产效率；充分发挥贵州山地饲草料资源优势，突出草畜配套和农作物秸秆的饲料化利用。肉牛养殖以关岭、凤冈、大方、德江、六枝、贞丰等县为重点，辐射带动播州、正安、西秀、镇宁、思南、印江、松桃、水城、盘州、望谟、册亨、安龙、普安等县（市、区）肉牛产业的发展。肉羊产业坚持充分发挥地方羊品种资源优势，引入波尔山羊、杜伯羊、努比亚羊等进行杂交改良和新品种培育，培育兼备地方特色的肉羊新品种（种群），继续扶持肉羊良种繁殖场。形成"良种繁育、商品生产、草羊结合、健康发展"的肉羊生产体系。重点布局在习水县、桐梓县、水城县、盘州市、沿河县，辐射带动仁怀、务川、威宁、赫章、普安、晴隆、册亨、望谟、罗甸、德江、松桃、石阡等县市。奶牛养殖以清镇、修文、开阳、务川、独山等5个县为重点。

当前，青贮饲料在牛、羊等草食家畜生产中发挥着重要作用。青贮饲料大量应用于贵州省的养殖行业，但由于青贮饲料的纤维素含量过高，目前使用量最大的是在反刍动物养殖中，如肉牛（奶牛）、肉羊（奶羊）的养殖，其日粮中青贮料添加比例不宜超过30%～50%。

第四节 常规饲料青贮使用概况

近年来，对影响青贮品质关键控制技术研发的不断深入，促进了青贮技术发展日趋成熟。贵州省青贮原料丰富、种类繁多，常规青贮作物可分为两类：一类是含糖量较高易于青贮的禾本科植物，如玉米、禾本科牧草等。其含有丰富的糖分，在青贮时不需添加其他含糖量高的物质；另一类是蛋白质含量高且营养丰富的豆科植物，如紫花苜蓿、沙打旺、三叶草等豆科植物。其多为优质饲料，但不宜单独青贮，应与一类含糖量高的原料进行混合青贮，或添加制糖副产物如鲜甜菜渣、糖蜜等。根据《贵州省"十三五"现代山地特色高效农业发展规划》的目标任务，遵循草畜配套原则，全省将大力推进青贮、微贮、氨化等传统秸秆饲料加工技术。到2020年，建植人工草地保留面积1 000万亩，建成年产反刍动物饲料50万t的饲料加工能力，建成以种植紫花苜蓿、青贮玉米等为主的优质高产饲草料基地25个。

随着"粮改饲"试点项目的继续推进，贵州省从2016年的2个试点县增加到27个县，中央累计投入粮改饲资金1.53亿元，下达任务面积84.1万亩。大力发展青贮玉米、苜蓿、黑麦草、甜高粱和豆类等优质饲草料的种植。全省目前青贮较多的为全株玉米，其次为紫花苜蓿、甜高粱等，主要的种植品种有禾玉9566、红单10号、青丰4号、金玉818等。

第五节 非常规饲料青贮利用概况

非常规饲料是指目前在畜禽生产中应用范围较小，对其营养特性及利用方式了解较少，但具有很高开发利用价值的一类新型饲料资源。贵州省非常规饲料资源种类多、分布广。其主要分为三种：一是农作物秸秆、秕壳类，如玉米秸秆、水稻秸秆、薏仁米秸秆、甘蔗梢等，主要成分是粗纤维，通过加工发酵处理，可改善适口性，提供动物生长所需的单糖或低聚糖；二是林业副产物类，如槐树叶、构树叶等，其蛋白质质量一般占干物质量的23%~29%，是很好的蛋白质补充料；三是糟渣类，如酒糟、甘蔗渣、果渣等，可作动物的能量饲料。加大对非常规饲料的合理开发和科学利用，能有效解决常规饲料供应不足的问题，还能促进资源充分循环利用，变废为宝，是降低饲料成本，增加经济效益的重要举措。

据初步统计，2018年全省主要农作物秸秆约1 529.65万t，其中稻草414.86万t，玉米秸280.04万t，油菜秸177.13万t。多年来，这3种秸秆数量常占秸秆总量的75%以上。秸秆饲料化利用达320万t，秸秆综合利用率提高到了81.52%（表1-1）。随着农业生产和农村能源事业的发展，农作物秸秆在工农业生活中的地位一直被忽视，如养殖业中秸秆作为粗饲料的比重小，工业生产中秸秆作为工业原料的需求也较小。资源出现了大量剩余，剩余秸秆的处理问题日渐凸显。部分农民采取了简单焚烧或随意堆积，这种处理方式不但浪费了宝贵的自然资源，还带来了各种危害，造成大气污染、土壤结构恶化和交通事故频发等，对人类健康和周围动植物的生态环境造成严重影响。

表1-1　2018年贵州省主要作物秸秆资源量

作物种类		产量（万t）	秸秆比率（%）	秸秆量（万t）	占秸秆总量比例（%）	（市场）饲料利用量（万t）	（农户）饲料利用量（万t）
谷物	水稻	414.86	97	402.41	23.10	1.94	78.87
	小麦	45.58	103	46.94	2.70	0.19	5.59
	玉米	280.04	137	383.65	22.02	10.15	76.10
豆类	大豆	41.43	171	70.84	4.07	0.01	4.40

（续表）

作物种类		产量（万t）	秸秆比率（%）	秸秆量（万t）	占秸秆总量比例（%）	（市场）饲料利用量（万t）	（农户）饲料利用量（万t）
薯类	马铃薯	334.69	61	204.16	11.72	0.05	65.65
	甘薯	113.94	61	69.51	4.0	0.21	59.67
油料	花生	20.64	152	31.37	1.80	0.01	1.37
	油菜	177.13	300	531.39	30.51	0.02	3.93
甘蔗		6.86	25	1.72	0.10	0.01	0.20
其他		94.57				0.35	8.46
合计		1 529.65		1 741.94		12.94	306.06

第六节　存在问题及建议

近几年，贵州省在青贮制作技术手段与方法等方面得到了很大的改进，但很多地区在种、收、贮、用等环节仍存在诸多问题，如品种选择不合理、收货时机把握不准、切割长度和留茬高度不合理、压实密度不够、易腐败变质、合理饲喂等，造成质量参差不齐，利用效率不高、经济效益不显著等。

第一，青贮基础设施落后，机械化生产水平低。全省开展青贮饲料制作除小部分大型养殖场建有专业青贮窖外，大部分养殖主体均采用简易的装置。由于青贮窖总量少、规模小，机耕道及便道建设滞后等原因，导致青贮生产成本增加；同时受贵州喀斯特地形地貌的影响，青贮机械化水平低，饲草收贮设备设施跟不上收贮的需要，整个收储过程进展缓慢，错过了青贮材料的优质饲草料最佳收贮时间，对青贮饲草料产量和品质均有不同程度的影响。

第二，基层农技青贮技术掌握不够，成品质量不理想。基层缺乏技术推广示范专业技术人员，大部分养殖企业、合作社、养殖大户对青贮饲料制作技术掌握不是很全面，有的只知其一，不知其二，生产实践中由于没有严格控制青贮在发酵贮藏过程中所需的厌氧环境以及在取用过程中未能妥善管理，往往造成青贮饲料的有氧腐败。特别是当青贮饲料开窖接触到空气后，就会促进酵母菌、霉菌及一些好氧细菌的生长繁殖，青贮饲料的温度及pH值随之升高，青贮饲料开始腐败。同时，由于腐败菌的生长繁殖也会造成青贮饲料营养物质的严重损失，降低青贮饲料的品质。碎片化现象比较严重，迫切需要从种植、调制、评价、饲喂利用等环节建立一套科学的优质青贮规范体系，指导生产和利用。

第二章　青贮饲料

第一节　定义及特点

青贮（silage）是指在厌氧条件下，使新鲜的青绿饲草或副产物经乳酸菌（Lactic acid bacteria，LAB）发酵相当长时间内保持其质量相对不变的一种保鲜技术。它是一种通过发酵来贮藏和调制饲料的有效方法。

青贮饲料是将青绿植物、农副产品、食品残渣及其他植物性材料在厌氧条件下由乳酸菌经较长时间发酵制成的一种颜色黄绿、气味酸香、柔软多汁、适口性好、消化率较高的饲料，其能为反刍动物在冬春季提供优质的粗饲料。在发酵过程中，乳酸菌大量生长繁殖，并产生多种代谢产物，保存并提高了青饲料的养分，同时还抑制了腐败微生物的生长，能在较长时间内保持饲料新鲜，对解决冬春季青饲料供应问题有较大的贡献，是反刍动物的主要粗饲料之一。

青贮饲料具有很多优良特性：

一、原料来源丰富

在贵州，除了大量种植的青贮玉米之外，还有很多优质牧草（如紫花苜蓿、甜高粱、黑麦草、皇竹草），小、半灌木树叶（如胡子枝、构树、白刺花）及一些农副产品（如甘蔗梢、甘薯、各类秸秆）、工业副产品（如酒渣）等都是调制青贮饲料的原料。

二、饲料营养损失少

青贮饲料可保存青绿饲料的大部分营养，贮存过程中营养物质损失较少，若适时青贮，一般损失10%左右，碳水化合物和维生素的保存率可达91%以上。一般青绿植物在成熟和晒干后，营养损失较大，如全珠青贮玉米与玉米秸秆在一般的青贮条件下，全珠青贮玉米粗蛋白含量为8.19%，粗纤维含量30.13%；玉米秸秆粗蛋白含量为3.94%，粗纤维含量37.60%。农副产品秸秆类进行添加剂青贮后，营养物质含量也有所改变，可以适当提高粗蛋白含量，降低纤维素含量，改善适口性，提高消化率。如新鲜甘蔗稍青贮，粗蛋白含量为7.34%，粗纤维含量为31.55%，添加尿素青贮后粗蛋白含量为10.50%，添加纤维素酶青贮后粗纤维含量为29.08%。

三、适口性好

饲草料经过青贮后，不仅养分损失少，在青贮过程中，产生大量芳香有机醇，且柔软多汁，适口性好，能刺激家畜食欲、消化液的分泌和肠道蠕动，从而增强了消化功能。研究表明，一些本身含有异味或质地粗硬的原料，经过青贮后，可以除去异味和改变质地，有些纤维在发酵过程中被消化，可提高10.7%消化率。如马铃薯鲜喂有毒素，木薯也不宜大量鲜食，青贮后可安全食用。

四、占地小、易保存

青贮贮窖可以是地下、地上、半地下、半地上，每立方米可保存450~600kg原料。青贮饲料占地不像鲜、干草那样大，特别是袋装青贮和地面覆盖青贮，占地小，取用方便灵活。

青贮饲料调制成功后，不受外界气温、雨雪的影响，只要厌氧条件不改变，不漏气，可长年质量稳定。解决了冬春季节家畜饲草料缺乏有饲料不足的问题。

五、设备、原料成本低

调制青贮饲料不需要昂贵的设备和高超的技术，企业、合作社、养殖户、家家户户都能办到。在农村，最简易的就是用几个不透气的袋子或挖个坑都能制作青贮，也可用缸、桶等易得容器。青贮技术简单易懂，只要掌握操作要领，就能成功。

除全珠青贮玉米、优质饲草价格稍贵一点，其他农副产品和工业废渣都是很便宜的。如玉米秸秆0.02元/kg，甘蔗梢0.175元/kg等。

六、调制不受气候限制

贵州地区优质牧草生长高峰期多为阴雨潮湿天气，不利于干草调制和保存，季节气候原因成为贵州干草产品开发与加工的瓶颈问题。为了避免"旺季烂，淡季断，旺季浪费、淡季补粮"的传统畜牧业生产的被动局面，利用现代生物技术对季节性的牧草生产进行加工贮存，青贮技术是当前解决问题的关键技术。青贮饲料的生产就不会受季节和气候的限制，什么时候有青贮原料，什么时候就可以进行青贮。

第二节　青贮饲料的发酵原理与过程

一、青贮发酵原理

青贮原料收割、切碎、压实密封在青贮窖中时，植物细胞并不立即死亡，利用间隙间的氧气进行呼吸作用，产生能量。植物中的蛋白酶开始分解蛋白质为氨基酸，糖酶增加了可供发酵的可溶性碳水化合物的数量。这个过程很短暂，随着氧气的消耗，植物细胞逐渐丧失活性。青贮饲料中的好氧菌、厌氧菌、其他菌及乳酸菌进行竞争，氧气耗尽后，好氧菌的生长停止。厌氧菌逐渐成为优势菌群，它们利用原料中丰富的碳水化合物作为碳源产生乳酸、醋酸和丁酸等酸类物质，使环境pH值急剧下降，有效遏制了不耐酸腐败菌（主要是酪酸菌）的生长繁殖。此时乳酸菌成为优势菌，几种高耐酸性的酵母以无活性状态继续存在，而一些杆菌和梭菌以孢子形式蛰伏，进入相对稳定时期。如果无氧条件没有改变可长期保存下去。

青贮饲料的发酵是利用附生于植物体上的乳酸菌所进行的发酵，青贮饲料就是乳酸菌发酵饲料。青贮饲料经过压实密封，内部缺乏氧气。乳酸菌发酵分解糖类后，产生的CO_2进一步排除空气，分泌的乳酸使得饲料呈弱酸性（pH值3.5~4.2）能有效地抑制其他微生物生长。最后，乳酸菌也被自身产生的乳酸抑制，发酵过程停止，饲料进入稳定储藏。但此时原料中的糖分等营养成分损失不大。若厌氧条件改变，如开启利用，外界空气与青贮料接触，则耐酸好氧的霉菌大量繁殖，形成发酸的青贮饲料。

自然青贮就是利用自然界植物上存在的乳酸菌进行发酵，由于自然界植物上的乳酸菌含量少，仅占细菌总数的0.01~1%。所以在发酵过程中，乳酸菌很难迅速地形成优势菌群，不能在短时间内降低pH值，其结果：一是各种细菌都在生长繁殖使温度迅速上升，造成预备发酵期延长。二是预备发酵过程中，青贮料因发热造成大量的营养成分和能量的损失，还造成气味刺鼻、适口性差的状况。三是在发酵过程中霉菌和腐败菌的大量繁殖，造成青贮料局部发霉和腐烂，特别是顶部、底部和边沿霉变、腐烂情况严重。四是由于有大量的杂菌存在，在青贮料开窖时，很容易形成二次发酵，在取食截面上新发生霉斑或者成片发霉，情况不好时会造成彻底霉变、腐烂。

国际上一般采用外源性的添加乳酸菌，提高青贮质量。也可使用乳酸菌青贮发酵添加剂，如乳酸菌、淀粉酶等强化发酵，甲醛、盐来抑制发酵，对保证饲料质量有很大的好处。青贮发酵初期主要是明串珠菌、肠球菌等迅速繁殖，产生一定量的乳酸，使pH值下降，为其他乳酸菌和消化球菌的生长创造条件。

制作青贮料的技术关键是为乳酸菌的繁衍提供必要条件：

一是，在调制过程中，原料要尽量铡短，装窖时踩紧压实，以尽量排除窖内的空气。

二是，原料中的含水量在70%左右（即用手刚能拧出水而不能下滴时），最适于乳酸菌的繁殖。青贮时应根据玉米秸的青绿程度决定是否需要洒水。

三是，原料要含有一定量的糖分，一般玉米秸秆的含糖量符合要求。

二、青贮过程

青贮饲料采用新鲜收割，含一定量糖分的农作物产品（青贮玉米）、副产品（玉米秸、麦秸、地瓜秧），以及牧草（苜蓿）等为原料。原料切成2~4cm的长度，含水分多质地软者可稍长，含水分少质地硬者稍短。也可以将各种原料混合调配，以含水率55%~70%为宜。

（一）青贮前的准备

青贮窖使用前一定要进行消毒，装窖前检查窖底与窖壁是否铺好垫底工作，窖边是否铺好塑料薄膜（防原料受污染与泥土进入窖内）。青贮原料必须达到可以青贮的要求，如青贮玉米要到玉米穗达乳熟期，红薯藤达粗壮期。选择晴天或阴天，不要在雨天进行青贮，用切草机将刈割回来的原料切成2~4cm的小段，边铡碎边装，尽量避免切碎的原料在窖外暴晒过久，装入窖内的原料要随时摊开（图2-1）。

图2-1　利用粉碎机切碎的青贮原料

（二）装填

装填切好的原料时，要层层铺平、踩实，每装填0.3～0.4m厚时，踩压1次，窖的四周更应特别注意压紧，用石杵夯实或靠拖拉机镇压更好。踩实后撒0.2%的食盐，如果原料水分太多，或原料缺乏糖分，可加入5%的米糠，如果原料太干，也可适当喷洒清洁水，使原料达到70%的水分含量，才易踩实压紧。装填的原料最后要高出窖口边沿0.5～1m，且呈圆顶形时封窖（图2-2）。

图2-2　机械化装填及压实

（三）封窖

装填完毕后要及时踩紧高出部分的原料，使其成中间高突的凸形，在上面盖上一层较厚的塑料薄膜，加一层软干草，再在上面加压比较湿润的沙土，沙土也要一层一层压实，大窖顶部压0.6m厚的土，小窖顶部压0.4m厚的土。使窖顶呈屋脊形，窖的四周1m处要开排水沟，防止空气与雨水进入。窖封后5～7d，必须随时注意检查，发现青贮原料有下沉，开裂情况，应重新修复，要及时加盖湿润土，直到不再下沉为止（图2-3）。

一般青贮借助原料表面天然的乳酸菌发酵。但有的时候也使用人工添加剂调节，如乳酸菌、淀粉酶等强化发酵，甲醛、盐来抑制发酵。调配好的原料紧密填充到青贮窖、青贮壕、专用塑料袋或永久性的青贮塔中并密封。成熟的青贮饲料颜色青绿到暗绿，质地柔软湿润，可长时间保存。

图2-3 利用废旧轮胎对青贮窖塑料薄膜进行铺盖

第三节 青贮原料的种类及选择

可作为制作青贮饲料的原料种类很多，常用的主要有以下几类。

青草、干草和青贮玉米秸秆：作为青贮饲料的主要原料，其质量取决于原料的质量、干物质含量、贮藏技术和乳酸菌的含量等。

禾本科粮食作物及秸秆：包括大麦、小麦、水稻、全株玉米、高粱、玉米秸秆、高粱秸秆等。

禾本科牧草：如黑麦草、无芒雀麦、羊草、苏丹草等。

豆科牧草：如苜蓿、三叶草、草木樨、沙打旺等。豆科牧草不能单独青贮，必须和禾本科牧草或粮食作物混贮，混贮比例是1份豆科牧草：2份禾本科牧草或粮食作物秸秆。

蔬菜：如甘蓝、胡萝卜、胡萝卜缨、白菜叶、甘薯藤等。蔬菜类青贮原料一般含水量大，需要晾晒或加含水量较少的原料，如糠麸、干草粉、干秸秆等。

由于青贮原料来源广泛，特性各异，为了合理利用原料的最大营养价值，青贮时采用的方法也不一样。

单一青贮：原料符合青贮基本条件，不添加任何其他物质进行单独青贮的一种方法。禾本科或其他含糖量高的青绿饲料常采用这种方法。

混合青贮：由于有的原料不满足青贮的基本条件，需通过添加或混合其他原料才能满足青贮条件，这种青贮称为混合青贮。生产上常用的混合青贮主要方法有两种：一是水分含量较高（70%以上）的青贮原料，与秸秆、饼粕类等含水量低的原料混合青贮，使其综合含水量符合青贮要求，防止青贮时发酵处大量的汁液外流而造成营养损失；二是含糖量低的豆科牧草与禾本科牧草混合青贮，提高青贮原料的总体含糖量，满足青贮要求。通过混合青贮所得的青贮料，食用价值有了较大的提高。

半干青贮：将新鲜收割的原料通过晾晒使水分减少到40%~55%，这样风干的植物对腐生菌、酪酸菌及乳酸菌均可造成生理干燥状态，使生长繁殖受到限制，从而使微生物发酵减弱，蛋白质不被分解，有机酸形成量少。虽然另外一些微生物如霉菌等在风干物质体内仍可大量繁殖，但在切短压实的厌氧条件下，其活动很快停止。

由于半干青贮是微生物处于干燥状态及生长繁殖受到限制情况下的青贮，所以，青贮原料中糖分或乳酸的多少以及酸碱度高低对于这种贮存方法已无关紧要，主要应用于豆科牧草。

第三章 青贮设施与机械

常见的青贮设施有青贮窖、塑料裹包青贮、地面堆贮等。

第一节 青贮窖

青贮窖按地平线位置有：①全地下窖：适用于地下水位低、土质坚实的地区；②半地下窖：适用于地下水位高、土质疏松的地区。按形状区分有：圆形窖与长方形窖。

一、青贮窖的建造

圆形窖与长方形窖，深度都以3m为宜。深度太深取用下层青贮料比较费劲（图3-1、图3-2）。

圆形窖的大小应根据青贮数量及养畜头数来决定，圆形窖的深度以3～4m为宜，圆形窖的直径以1.7～3m为宜，且应小于或等于窖的深度，底部要呈锅底形。

长方形窖的宽度一般以2.5～3m为宜，且应小于或等于窖的深度，长度以原料多少而定，但不宜超过25m，且上宽稍大于下宽。长方形窖的边角应呈圆形，以利原料的下降和压实。为减少青贮料的损失，窖底和四周应铺一层塑料薄膜，长方形窖适用于规模养畜场。

在目前畜牧业生产中，还分为临时性土窖和采用砖混结构的永久性青贮窖。

青贮窖建造要求：结实牢固，防止漏气。建筑结构可根据经济条件和土质选择砖、石块、混凝土或土质结构，底部厚

80~100cm，上口部厚40~60cm，小型窖厚度可适当小些。内部窖壁面（水泥面）要求应平直光滑、不透水、不透气、无裂缝，矩形窖四边角要做成弧形，以利于青贮时青贮原料的下沉、压紧及排尽空气。窖顶盖棚可用瓦片或玻璃钢材料。盖棚与窖体间的空隙约60~90cm，以便于饲料切碎机喷填。窖底部应设渗漏槽（四周或中间），以便排除过多的汁液。

窖的宽度一般应小于深度，较好的比例是1∶（1.5~2），利于原料本身重量将其压实，并能降低损耗量。

图3-1 大型长方形青贮窖

图3-2 小型圆形青贮窖

窖址应选择地势较高、排水畅通、土质坚实、地下水位低、地势高燥向阳、排水良好、雨水不易冲淹、距离羊圈舍较近、取饲方便、远离污染源、便于运送原料、背风的地方建造青贮窖。切忌在低洼处或树荫下挖窖，并且要有一定空地，以便青贮原料的堆放、青贮的制作等。

青贮封窖后约40d，就可以开窖取用，不受季节气候限制，开窖取饲时应该注意下列事项：

1. 如果是双闸门水泥窖，应从双闸门打开，挖开两闸门中间所填的土，再挖开双闸门顶上1m多远的覆土，就可用手推车到闸门口挖取青贮料；如果是土窖，就要在窖顶上搭防雨棚，以免雨淋日晒青贮窖。

2. 一般挖取青贮料是用四齿耙挖，1次挖取0.3～0.4m厚，青贮窖挖开后，要陆续取用，大约在1个月内喂完，这样才不会影响质量和饲喂效果。如果中间停止使用，饲料接触空气过久，就会发生霉变，霉变了的青贮饲料不能饲喂畜禽，以免发生中毒。

3. 如果青贮料过酸，可加适量小苏打粉混匀，使酸度减低后，仍可饲喂家畜。当开始喂青贮饲料时，要有一个驯饲阶段，开始少喂一点，后逐渐增加饲喂量，待其习惯后才能按照计划量进行饲喂。

二、青贮窖大小的判定

根据原料的种类和数量计算窖的大小。一般情况下：人工装窖踩实1m³能容纳约650kg青贮饲料，机械碾压则1m³可容纳1 000kg的青贮饲料。在人工种植的青贮饲料地内，在准备青贮前，可选能代表全地块的青饲料，割取1m²，称重后，再乘以667（1亩约等于667m²，全书同），便可估计出每亩总产量，由此来决定窖的大小。长方形窖长度根据原料多少和青贮饲料的需要量而定。

根据畜群（数量）和原料情况确定青贮窖的容积大小：1头牛（5只羊食草量折合1头牛），大约需青贮饲料3t，青贮窖容积为6m³左右。根据容积确定青贮窖形状，容积大于10m³的选长方形，容积小于10m³的选圆柱形。青贮玉米秸秆一般按500kg/m³计算。

根据原料的含水量与切碎程度计算青贮窖容量：先掌握单位体积（m³）青贮料的重量（如玉米秸在含水量少的情况下，切得细碎的每立方米重量为430～500kg；切得较粗的为380～450kg），然后乘以窖的容积（圆形窖是3.14×半径²×窖深；长方形窖是窖长×窖宽×窖深，单位均为m），即得出窖内青贮料的重量（kg）。

按青贮容量，可分为小型窖（30t以下）、中型窖（30～100t）和大型窖（100t以上）3种，一般小型窖长4～6m、宽2m、高3m，中型窖长6～10m、宽3～4m、高4～5m，大型窖长10～20m、宽4～6m、高5～6m。

三、青贮窖配套设备

压实机：用于青贮原料填装时的压实工作，青贮料的紧实程度是青贮的关键步骤之一（图3-3）。

图3-3　青贮用压实机

抽真空设备：用于包裹式青贮中抽出多余的空气，让乳酸菌发酵更好地进行。

青贮玉米、牧草收割机：用于青贮玉米在蜡熟期的收获，对于禾本科牧草则在现蕾期至开花期进行刈割。由于贵州多山地，没有平原，收割机在贵州基本不使用。在北方使用较为频繁（图3-4）。

图3-4　青贮原料收割机

青贮切碎机：用于切短青贮原料（图3-5）。

图3-5　青贮原料粉碎机

青贮揉搓机：秸秆类原料质地较为粗硬，为了更好地青贮发酵，可以用揉搓机进行拉丝处理。

第二节　裹包青贮

一、概念

裹包青贮是一种利用机械设备完成秸秆或饲料青贮以及包装的方法，是在传统青贮的基础上研究开发的一种新型饲草料青贮技术。将牧草收割后，用打捆机进行高密度压实打捆，然后通过裹包机用拉伸膜裹包起来，从而创造一个厌氧的发酵环境，最终完成乳酸发酵过程。目前裹包青贮常用的有圆形、长方形两种包装形态。

据报道，美国、英国、澳大利亚等畜牧业发达的国家已在牧草捆裹青贮及贮存过程中的营养成分分析、青贮质量评价、对动物生产性能的影响及经济效益分析等方面进行了深入的比较和研究工作，形成了一系列科学的检测管理体系。朝鲜、日本、巴西以及非洲一些国家先后引进了该项目技术与设备，针对各自特有的自然条件和生产条件，就适宜裹包青贮的牧草种类及其组合、裹包青贮及常规青贮质量比较及评价等方面做了大量的试验研究，我国裹包青贮技术起步晚，牧草捆裹青贮率低，在欧洲国家20%的牧草青贮采用缠绕膜裹包法，在瑞典的应用率甚至达到40%，在整个欧洲和北美，牧草缠绕膜的年增长率为15%。

在湿润气候控制地区，每年在牧草收割期都会遇到连绵雨季的困扰，这给优质牧草收贮带来了极大损害。自从有了高水分的牧草可以进行裹包青贮以后，大大降低了牧草收贮对天气的依赖程度。裹包青贮法已成为我国牧草青贮的必然发展趋势，用于该青贮技术的牧草缠绕膜，也由于其潜在的巨大市场需求，成为我国包装薄膜制造企业非常看好的项目。在贵州一些大型企业生产上陆续开始使用（图3-6）。

图3-6　裹包青贮饲料

二、包裹青贮原理

（一）裹包青贮发酵类型（与窖藏相同）可分为同型发酵和异型发酵

同型发酵乳酸菌使用同一种糖源—葡萄糖制造乳酸。乳酸对于青贮产品而言是最有价值的，与其他酸如乙酸的比较，乳酸是最强大的，乳酸菌发酵中能量利用率最高，可提供最大化的营养。发酵产生的乳酸使青贮饲料的pH值的快速降低，从而让裹包迅速稳定下来。青贮发酵的pH值在4左右是公认的比较好的结果。

异型乳酸菌发酵是指在发酵过程中利用两种糖源（葡萄糖和果糖）。它们也能高效率利用能量，但是代谢也产生醇类：乙醇和甘露醇以及二氧化碳等，而且乙酸具有强烈酸味。这些都会导致营养成分流失，降低饲料利用价值。

（二）裹包青贮的主要技术工艺

原料的选择：有条件的可用专用青贮玉米、全株青贮玉米或海牛、大卡饲用甜高粱。

粉碎：将原料揉搓、粉碎，使秸秆呈丝状、片状，这样可以提高草捆的密度，减少空气含量。

　　原料处理：调节水分，使秸秆含水率在75%左右，根据秸秆质量状况，决定是否加入添加剂。

　　打捆：利用专业机械打成圆柱体。

　　裹包：将打好的捆裹包（图3-7）。

　　堆放与管理：在自然环境下将裹包青贮堆放在平整的土地上或水泥地上（图3-8）。

图3-7　正在进行的裹包青贮

图3-8　裹包青贮玉米

（三）裹包青贮制作要点

自裹包后，饲料在有氧发酵阶段，包内残余氧气迅速被消耗。好气性微生物活动结果以及植物细胞的呼吸作用很快形成包内厌氧环境并进入厌氧发酵期，与此同时，包内的pH值迅速下降，乳酸菌利用碳水化合物，形成大量乳酸。酸度增加，酸度结果以及类型影响着青贮的质量与营养价值，一般在一周或更少的时间内就能达到发酵高峰，在两周左右形成稳定期。在此期间，如果发现有漏包或渗水现象，需要用胶带修补漏洞，并且把这种裹包挑出来放到一边，最先饲喂掉。

（四）注意事项

1. 必须避免梭状菌发酵，因为它所造成能量因子流失达到25%。最好不要用水分含量多的青贮原料进行裹包青贮，因为梭状菌喜好潮湿，在潮湿环境里生长旺盛。梭状菌代谢产物包括酪酸、丙酸、乙酸，氨和二氧化碳。

2. 粗饲料在收获期成熟是重要因素，直接决定发酵后的饲料的可用营养物质及含量，当植物细胞成熟，细胞壁由纤维素和木质素组成，细胞内含有蛋白质、糖、淀粉、脂肪和果胶。随着细胞成熟，大量的易消化纤维素转化成难消化的木质素。植物在生长期至盛花期，可消化干物质可以从75%下降到55%，甚至推迟2个星期，作为饲料的主要营养成分的流失达到5%或者更高。因此，一个好的种植者经常会在田边巡视，以保障作物在适当的时间收获。

3. 水分含量是快速发酵的关键，因为水分是青贮饲料制作的关键参数。水分应控制在45%～60%范围内可以获得最好的效果。但是在裹包青贮水分控制方面，越来越多的人意识到：在裹包青贮中，越干的粗饲料需要越长的时间开始厌氧发酵，因此，给其他不良发酵提供了大量的时间。不仅如此，从收割到打包的时间越长，自然状态下的饲料pH值就越高，这就意味着需要更多时间进入发酵，并达到平衡，此类发酵进程是无法控制的，因此多少水分真正适合裹包青贮，需要结合生产与气候实际来研究。

三、裹包青贮特点

裹包青贮与窖贮、堆贮、塔贮等常规青贮一样，具有干物质损失较小、可长期保存、质地柔软、酸甜清香味、适口性好、消化率高、营养成分损失少等特点。同时裹包青贮与传统青贮相比还有以下几个优点。

营养损失小：制作不受时间、地点的限制，不受存放地点的限制，若能够在棚室内进行加工，也就不受天气的限制了。与其他青贮方式相比，裹包青贮过程的封闭性比较好，通过汁液损失的营养物质也较少，而且不存在二次发酵的现象。

经济实惠：裹包青贮牧草比传统方法更经济，场地需求更低。节省人工等成本。特别是当使用联合打包机或裹包系统时，可以减少牧草青贮制作需要的人力，人工费用可获得大幅度消减。

贮料质量好：由于拉伸膜裹包青贮密封性好。提高了乳酸菌厌氧发酵环境的质量，提高了饲料营养价值，气味芳香，粗蛋白含量高，粗纤维含量低，消化率高，适口性好，采食率高，家畜利用率可达100%。

浪费极少：霉变损失、流液损失和饲喂损失均大大减少，仅有5%左右，而传统的青贮损失可达20%～30%，同时由于密封性好，没有汁液外流现象，不会污染环境。清洁饲料，保护环境，窖贮等制作过程中会发生渗漏，降低饲料营养品质的同时会污染土壤和水源；裹包青贮无渗漏等现象，不污染环境。同时，裹包青贮的厌氧环境会导致一些好气性微生物逐渐死亡，即青贮饲料中的病菌、虫卵等被杀死，从而在饲喂裹包青贮饲料后，无大量病菌及虫卵对牲畜造成危害。

保存期长：由于压实密封性好，不受季节、日晒、降雨和地下水位影响，可在露天堆放1～2年。青贮品质好，可长期保存，由于制作速度快，青贮原料高密度挤压，密封性能好，所以乳酸菌可以充分发酵。一般青绿饲料在成熟或晒干之后，营养价值降低30%～50%，但青贮饲料养分损失仅为3%～10%。据报道，青贮后的玉米干物质中粗蛋白质和粗灰分质量分数分别比青贮前提高了25.51%和9.04%，中性洗涤纤维和酸性洗涤纤维质量分数分别降低了16.37%和23.66%。通过调制的玉米裹包青贮饲料，可以贮藏2年以上，且可随取随用，因此可以调节青饲料季节供应的不平衡，保证家畜一年四季都能吃到优质的青绿多汁饲料，对提高饲料利用率、满足反刍动物冬春季营养需要等都起着重要作用。

包装适当：体积小，易于运输和商品化，保证了大中型奶牛场、肉牛场、山羊场、养殖小区等现代化畜牧场青贮饲料的均衡供应和常年使用。操作灵活方便，损失浪费小，裹包青贮与其他青贮相比，裹包青贮制作、贮存的地点灵活，可在田间直接作业，也可在场上固定作业；制作过程中劳动力小、机械化程度高，操作方便；制作和取用过程中不受日晒、雨淋等条件的影响，不存在二次发酵现象，损失浪费较小；同时，裹包青贮贮藏和转运方便，可实现饲料商品化利用。一方面不同规格，可满足不同规模的养殖场需要，选择合适的尺寸能够最大化降低浪费。裹包青贮不同规格的产品可应用于不同规模的牧场或牲畜。如600～1 000kg的大尺寸的裹包产品是比较适合大型奶牛场和肉牛场使用。40kg左右的小型的裹包产品可用于小型牧场或者一些体型偏小的牲畜如山羊和绵羊。如今，有些牧场主甚至因价格等原因宁愿使用青贮牧草而不是苜蓿产品。

便于运输：裹包青贮还可以增加一条创收的途径，裹包牧草青贮便于运输，因此，对于一些牧草资源丰富的地区来说，裹包后的产品还可以作为商品出售给牧场，因而创造额外收益。

四、裹包青贮配套设备

裹包青贮设备分大型和小型两种（图3-9、图3-10）。
固定作业式打捆机：能将散草压紧、用手工结扎成捆。
二次打捆机：专门用于在田间捡拾打捆。

图3-9 大型裹包机

图3-10 贵州常见小型青贮饲料裹包机

第四章　青贮添加剂

贵州地区牧草的加工调制与贮藏大都采用传统方式，即牧草收割后直接打捆晒干或自然风干。这类加工方式会使牧草粗蛋白含量下降，营养损失较多，茎秆变得粗硬，影响家畜的采食量和消化率，且容易受南方阴雨潮湿天气的影响。青贮是一种操作简单、成本低廉的牧草加工贮藏方法，其营养物质损失小于传统牧草加工方式。青贮的原理是在厌氧条件下附着在植物体上的乳酸菌利用糖发酵产生乳酸，降低青贮饲料的pH值，抑制植物酶和有害微生物的活性来保存青绿饲料。实践证明，青贮饲料是发展畜牧业的优质基础饲料之一。它主要具有以下特点：①青贮饲料营养损失较少；②适口性好，消化率高；③扩大饲料来源，调整青饲料供应的不平衡；④调制青贮饲料受气候等环境条件的影响极小，且能较长时间保存青贮饲料的养分。因此，牧草青贮越来越受到人们的青睐，在欧美国家，青贮普及已有100多年的时间，技术已日臻成熟，青贮饲料的用量占全部青饲料消耗量的70%以上，有的甚至100%。但青贮发酵过程中，由于受青贮原料本身和外部环境等多种因素的影响，通常使青贮饲料发酵品质及营养价值达不到最佳效果。因此人们运用不同的方法来调控青贮饲料的发酵过程，应用最为广泛的是青贮添加剂的使用。

第一节　青贮添加剂的种类及作用

根据青贮添加剂作用效果，通常可将其分为5类（表4-1）。

①发酵促进剂：用于促进乳酸发酵；②发酵抑制剂：能部分或完全抑制有害微生物的活性；③好氧性腐败菌抑制剂：目的是防止暴露在空气中的青贮饲料的腐败变质；④营养型添加剂：用以提高青贮饲料的营养价值；⑤吸附剂：用于干物质含量低的青贮材料中以减少营养损失和流汁产生。

表4-1　青贮添加剂的分类

发酵促进剂		发酵抑制剂		好气性变质抑制剂	营养型添加剂	吸附剂
细菌培养剂	碳水化合物	酸	其他			
乳酸菌	葡萄糖	无机酸	甲醛	乳酸菌	尿素	大麦
	蔗糖	蚁酸	多聚甲醛	丙酸	氨	秸秆
	糖蜜	乙酸	硝酸钠	已酸	双缩脲	稻草
	谷类	乳酸	二氧化硫	山梨酸	矿物质	聚合物
	乳清	苯甲酸	硫代硫酸钠	氨		甜菜粕
	甜菜渣	丙烯酸	氯化钠			斑脱土
	桔渣	羟基乙酸	二氧化碳			
	纤维素酶	硫酸	二硫化碳			
		柠檬酸	抗生素			
		山梨酸	氢氧化钠			

一、发酵促进型添加剂

发酵促进剂通过增强乳酸菌的活动，产生更多的乳酸，使青贮料的pH值迅速下降，以取得早期乳酸发酵的优势，有效抑制有害微生物的繁殖，从而使得青贮饲料能够很好地保存下来，通常来说可以提升青贮饲料的发酵品质。发酵促进型添加剂主要包括3类：①生物性青贮添加剂；②绿汁发酵液；③糖类和富含糖分的物质。

（一）乳酸菌

青贮中通常情况下主要有以下几个属的乳酸菌，乳杆菌属（*Lactobacillus*），片球菌属（*Pediococcus*），明串珠菌属（*Leuconostoc*），肠球菌属（*Enterococcus*），乳球菌属（*Lactococcus*），链球菌属（*Streptococcus*），魏斯特氏菌属（*Weissella*）。乳酸菌在青贮饲料的发酵过程中起着至关重要的作用，青贮饲料的发酵品质受到植物附着的乳酸菌数量、活性和多样性影响。乳酸菌制剂是一类用于饲料青贮的微生物添加剂，主要成分是由乳酸菌、酶和一些活化剂组成。在添加剂分类中一般将乳酸菌制剂归于发酵促进剂，乳酸菌制剂的使用能有效增加青贮发酵过程中乳酸菌数量，促进乳酸菌发酵产生乳酸，将青贮饲料的pH值维持在较低的范围内，抑制植物酶和部分有害微生物的活性，从而有效提高青贮饲料的发酵品质。乳酸菌根据其发酵产酸的能力可分为同型发酵乳酸菌和异型发酵乳酸菌，同型发酵乳酸菌有干酪乳杆菌（*Lactobacillus casei*）、植物乳杆菌（*Lactobacillus plantarum*）、乳酸片球菌（*Pediococcus acidilactici*）、肠球菌（*Enterococcus faecalis*）等；异型发酵乳酸菌有短乳杆菌（*Lactobacillus brevis*）、布氏乳杆菌（*Lactobacillus buchneri*）、发酵乳杆菌（*Lactobacillus fermentum*）、肠膜明串珠菌（*Leuconstoc mesentero*）等。同型发酵乳酸菌利用1mol葡萄糖或果糖产生2mol乳酸，而异型乳酸菌在利用1mol糖时产生1mol乳酸和1mol的乙酸。同质型发酵乳酸菌的特点是发酵主要产生的是乳酸，而产生的能够抑制酵母菌、霉菌等生长繁殖的短链脂肪酸的数量非常少。而异质型发酵乳酸菌发酵主要产生的是乙酸，而相对于乳酸而言，乙酸等挥发性脂肪酸是一种更有效的抗真菌及霉菌的酸类物质，可有效抑制有氧腐败。

人们通常认为，牧草青贮时同质型发酵要比异质型发酵

好，因为同质型发酵在牧草青贮过程中养分损失较少，但牧草青贮后易出现有氧腐败等问题。同质型发酵产生的主要是乳酸，而挥发性脂肪酸的生成量很少，特别对碳水化合物含量丰富的禾本科牧草而言，发酵所产生的乳酸及牧草中的碳水化合物为酵母菌和霉菌的生长繁殖提供了充足的营养源，所以当青贮饲料与空气接触后就容易产生有氧腐败。尽管青贮饲料的异型发酵比同型发酵在青贮过程中损失的饲料养分要多，但异型发酵乳酸菌能够提高青贮饲料的有氧稳定性和发酵品质，这样就可以通过家畜生产性能的提高来弥补异型发酵所产生的潜在营养损失。从青贮饲料的品质来讲，添加同型乳酸菌较好，然而从有氧稳定性来讲，牧草青贮时所添加的乳酸菌最好是异发酵型乳酸菌菌株。

国内外许多学者对乳酸菌制剂在青贮饲料中的应用进行了报道。蔡义民等在意大利黑麦草青贮饲料中添加乳酸球菌和乳酸杆菌，结果表明：乳酸球菌在青贮初期繁殖旺盛，乳酸杆菌在整个发酵过程中都比较活跃；添加乳酸菌抑制了霉菌和酵母菌的繁殖，乳酸杆菌作用效果大于乳酸球菌；乳酸菌制剂使pH值和氨态氮/总氮值降低，乳酸含量提高；乳酸球菌和乳酸杆菌均提高了L（+）乳酸的生成比例。王昆昆等在苜蓿与披碱草不同比例混合青贮中加入乳酸菌制剂，均降低了青贮饲料的pH值，提高了乳酸含量，改善青贮饲料的青贮品质。Kung等，Ozduven等的研究也表明青贮中添加乳酸菌制剂能增加乳酸含量，降低饲料pH值，减少营养物质的损失，提高青贮饲料的发酵品质。但是Seale认为添加乳酸菌制剂对含糖量较低的牧草青贮发酵品质没有明显的改善效果。Ridla等也有相似的研究结果，添加乳酸菌对无芒虎尾草青贮发酵品质没有显著影响，主要原因是青贮原料含糖量较低，不能为乳酸菌提供充足的发酵底物，导致乳酸菌数量过剩不能发挥作用，因此没有足够量的乳酸产生来降低青贮饲料的pH值。张静等研究发现丙酸和乳酸菌组合添加与丙酸单独添加相比，并未有效增加多花黑麦草青贮饲料乳酸的含量，其原因可能是使用的乳酸菌制剂含异型发酵乳酸菌所致。

　　乳酸菌接种剂对青贮饲料有氧稳定性的影响报道不一致，Kung等在大麦青贮中添加异型发酵乳酸菌，青贮物中含较高浓度的乙酸，而乙酸有很强抗真菌功能，有效地改善了大麦青贮的有氧稳定性。但Weissbach等报道，在青贮中添加乳酸菌后青贮料产生了大量乳酸，而挥发性脂肪酸（VFA）含量低，使青贮料倾向于好氧性变质，因此他们提出：青贮时添加乳酸菌的同时添加化学制剂（如甲酸钙或甲酸钠），可使青贮料好氧稳定性增强。Meeske等报道，在玉米青贮中添加乳酸菌制剂后，发现乳酸菌制剂对青贮饲料的有氧稳定性无影响。

（二）纤维素酶制剂

　　青贮饲料中添加的纤维素酶制剂中包含多种降解细胞壁的酶组分，其中除含有纤维素酶外，还含有一定量的半纤维素酶、果胶酶、蛋白酶、淀粉酶及氧化还原酶类。青贮中一些青贮原料（如秸秆）水溶性碳水化合物含量较低，纤维成分含量较高，导致乳酸菌可直接利用的发酵底物不足，饲料的适口性差，消化率低。因此酶制剂常用于秸秆青贮饲料中，一方面可以促进细胞壁降解为单糖，增加青贮发酵底物，促进乳酸菌发酵；另一方面降低饲料的纤维成分，改善青贮饲料的适口性，有助于改善发酵品质，提高饲料营养价值。酶制剂在使用过程中受到多种因素影响，如酶的活性，使用量、青贮原料特性、不同青贮条件等，因此关于酶制剂在青贮中的作用还存在不同的研究结论。

　　研究表明青贮发酵过程中添加酶制剂能够降低pH值和氨态氮含量，增加乳酸和水溶性碳水化合物的含量。席兴军等在玉米秸秆青贮饲料中添加酶制剂，使pH值、氨态氮/总氮值、丁酸与总酸摩尔比和酸性洗涤纤维含量分别下降13%、28%、100%和20%，显著提高了青贮饲料的营养价值。Morrison发现，在多年生黑麦草中添加酶制剂后，青贮料中的半纤维素可损失10%~20%，而纤维素的含量仅降低5%。Shao等研究认为青贮中添加酶制剂降低了水溶性碳水化合物等营养物质的损失，分析其原因是纤维素酶中含有氧化还原酶成分，在发酵过程中消耗青贮窖内的氧气形成厌氧环境，从而抑制好氧微生物对糖分的分解。但是也有不同的研究结果，Kung等研究表明添加酶制剂显著降低了大麦和野豌豆混合青贮饲料pH值，但对青贮饲料有机酸和纤维素含量没有显著影响，说明添加酶制剂并未达到改善青贮饲料发酵品质的目的。但也有不同的报道，Sheperd等添加纤维素酶于玉米青贮中，发现不同剂量的酶对发酵中酸的产生均无影响，这可能是由于玉米本身可溶性碳水化合物含量高的缘故。Spoelstra研究细胞壁降解酶对3种不同时期刈割牧草的青贮成分的影响，发现在干物质含量低的幼嫩牧草中添加效果最好。McAllan研究了不同添加剂对青贮料渗出液量的影响，发现添加生物制剂后所产生的渗出液量最大，损失增多，一方面是生物制剂破坏细胞结构，降低了细胞的保水能力，使大量的细胞内容物流出；另一方面，由于发酵加强，使大量的有机物能转化为发酵底物，供乳酸菌发酵。青贮渗出液的干物质含量为1%～10%，一般为6%左右，其中氮源占20%，碳源占55%，矿物质占25%，其中碳水化合物含量丰富，主要是葡萄糖、果糖、半乳糖、木糖、阿拉伯糖等可溶性糖，青贮渗出液不但造成营养损失，而且有可能污染环境。因此，一般把新鲜牧草凋萎后再添加生物制剂，青贮效果较好。

饲料作物中的糖大多以纤维素形式存在于植物细胞壁中，只有受酶作用分解后才能被乳酸菌所利用。青贮用的酶包括纤维素酶、半纤维素酶、果胶酶、淀粉酶及包含这几种酶的纤维复合酶。纤维素酶类能将植物纤维素、木质素等不可溶碳水化合物分解为可溶性碳水化合物，并且可以显著降低青贮饲料中酸性洗涤纤维与中性洗涤纤维，青贮中的酶制剂最终也能转化为青贮饲料中的有效成分。有研究结果表明，在青贮饲料中添加乳酸菌和纤维素酶对黄曲霉毒素的产生有抑制作用。也有研究结果证明，当在青贮中分别添加10mL/kg和20mL/kg纤维素酶，中性洗涤纤维含量分别减少了13%和30%；用纤维素酶与甲酸的联合青贮降低了中性洗涤纤维含量和增加了糖含量，并大大改善了紫花苜蓿青贮的发酵效果。Adesogan等将木聚糖酶、淀粉酶和布氏乳杆菌等的混合接种剂与糖蜜分别处理青贮，结果发现，混合接种剂和糖蜜均能有效地提高青贮的发酵及青贮饲料的质量，将混合接种剂和糖蜜的混合添加剂进行青贮发酵，其发酵效果不如用混合接种剂或糖蜜单独青贮的效果好。杨杰等用含纤维素酶、戊糖片球菌、植物乳杆菌、生长促进剂等多种成分（活菌总数≥10^9cfu/g）的复合添加剂对不同含水量的黑麦进行了处理，研究结果表明，添加复合青贮剂，可以使含水量为73%和64%黑麦青贮感官品质优于其他处理组；在黑麦含水量为73%的条件下，青贮中乳酸菌含量高于其他处理组，pH值较常规青贮降低了1.13，中性洗涤纤维含量降低2.03%，氨态氮浓度降低3.1%。

（三）绿汁发酵液

绿汁发酵液是指在青贮装填之前将原料鲜草绿汁在厌氧条件下进行发酵，使乳酸菌大量繁殖，制成的棕色或棕黄色液体，含有大量乳酸菌，做类似乳酸菌添加剂使用。绿汁发酵液中含天然的乳酸菌菌株，菌株的种类多于人类添加的微生物制剂，在青贮过程中，经过有氧发酵及无氧发酵阶段，最后当pH值为4.0时，可抑制其他细菌，同时也抑制乳酸菌，青贮饲料达到稳定阶段。传统青贮添加剂主要是添加化学试剂和有机试剂，但化学试剂往往具有腐蚀性，存在家畜采食安全隐患，有机酸存在添加量较大、成本高和操作不便等缺陷，相对来说，绿汁发酵液可有效避免这些缺陷，且绿汁发酵液比专门的乳酸菌制剂稳定，不受牧草生长季节、水分含量及发酵温度的影响，且该技术成本低、无污染，绿汁发酵液作为一种新型的纯天然的青贮添加剂，逐渐成为人们的研究热点。

有研究表明，在燕麦中分别添加葡萄糖、山梨酸及绿汁发酵液青贮后对比发现：添加绿汁发酵液可获得最低的pH值及最高的乳酸含量，及较高残留的可溶性碳水化合物。可能是由于2个原因造成的：①绿汁发酵液所提供的乳酸局为发酵原料上附着的野生乳酸菌，菌种天然、丰富，而商品乳酸菌制剂只有特定菌种；②绿汁发酵液具有专一性，即添加与青贮牧草同种的新鲜牧草做成的绿汁发酵液，青贮效果更佳。但Shao等报道在大黍中添加绿汁发酵液与葡萄糖或山梨酸混合添加剂，青贮效果更优。这可能是因为葡萄糖的添加增加了可发酵底物的量，从而增强了乳酸菌的活动，而山梨酸可抑制青贮早期好氧性微生物的活动，从而降低了可溶性碳水化合物的消耗。张涛等报道，添加绿汁发酵液可显著地提高苜蓿青贮料的营养价值。Ohshima等认为，绿汁发酵液作用于苜蓿青贮不受收获季节、生育期以及贮存温度的影响，其青贮效果较好。韩瑞丽报道，把绿汁液或其发酵液稀释20倍再发酵后的绿汁发酵液，能够明显地改善青贮料的发酵品质，而且效果优于乳酸菌制剂。但是，如果再把稀释发酵后的液体稀释发酵，添加效果就会降低。

关于绿汁发酵液的调制方法和条件目前尚无统一定论，还有待于进一步研究，不同材料、不同地区，调制方法可能存在差异，但在调制过程中应该掌握两个最基本的原则：①如何结合原料本身的特性及当地的气候环境条件使得乳酸菌能够快速大量的生长繁殖；②用何种原料制作青贮饲料，那么用这种材料制备的绿汁发酵液效果更佳。下面这种制备象草绿汁发酵液的方法可供参考，取100g鲜象草加入300mL蒸馏水榨汁，用双层纱布过滤，取200mL滤液于500mL锥形瓶中，加入2g葡萄糖，厌氧发酵3d后，即为绿汁发酵液，用量为10mL/kg鲜草，理论接种量为8.67×10^{5}cfu/g鲜草。

绿汁发酵液是近年来研制出的一种青贮添加剂，其基本原理与添加乳酸菌制剂相同，都是人为增加青贮中乳酸菌数量使其较其他微生物占有绝对优势。但与以上各种乳酸菌添加剂相比其最大特点是经济和环保，制作工艺流程简单、生产成本低，操作时也不会像酸制剂那样对环境造成污染。随着青贮饲料添加剂的广泛运用，生物制剂成为近些年青贮技术研究的热点，绿汁发酵液以有效、经济、环保的特点成为新型添加剂的主流。将现代基因工程、遗传工程技术引入饲料业，开发新型生物制剂，并注重生物制剂与化学制剂结合的研究，使绿汁添加剂应用由单一型向复合型方向发展。

（四）糖类

众所周知，乳酸菌在发酵时以糖类为发酵底物，一般要求其含量在2%以上，如果原料本身含糖量不足（如紫花苜蓿等豆科牧草），可能导致青贮品质差或直接失败，这时就需要人为添加糖类和富含糖分的物质来增加乳酸菌的发酵底物，促进乳酸菌发酵，从而使得乳酸菌发酵占主导地位，提升发酵品质。一般来说，用作青贮添加剂的富含糖分的物质主要有玉米、葡萄糖、糖蜜、谷类、乳清、甜菜、柑橘、马铃薯等。

葡萄糖能直接为乳酸菌提供发酵底物，一般添加量10～20g/kg，效果非常好，但因葡萄糖价格高，不适合在生产中大量应用，而常用制糖工业的副产品糖蜜来代替。糖蜜是制糖工业的副产品，通常干物质含量为700～750g/kg，可溶性碳水化合物含量为650g/kg干物质，蔗糖是其主要成分，还含有40%～46%的葡萄糖、果糖等，另外也含有少量蛋白质、矿物质、维生素等其他营养成分。生产上推荐用量为40～50g/kg。杨富裕等在初花期草木樨青贮中加入蔗糖后，使青贮料的氨态氮含量显著升高，粗蛋白含量下降，发酵品质严重下降，因此草木樨青贮不宜用蔗糖作为青贮添加剂。乳清是奶酪的副产品，干物质含量为66g/kg，乳糖的含量为44g/kg。尽管乳糖能被乳酸菌分解，但其含糖量低，青贮效果不太理想。但Schingoethe已成功地把干燥的乳清用于青贮研究。但冻干乳清成本很高，用糖蜜比较经济。粉碎的玉米、大麦、高粱、燕麦及干燥的甜菜渣及柑橘渣、马铃薯等含糖分的原料也可作为促进乳酸发酵的添加剂。

二、发酵抑制型添加剂

青贮原料上不可避免地会附着有害微生物，在青贮初期，这些有害微生物会与乳酸菌形成竞争，可能导致青贮品质差。发酵抑制型添加剂的主要作用是降低青贮原料的pH值，直接形成适合乳酸菌生长繁殖的生活环境，抑制部分或全部微生物的生长，以减少发酵过程中的营养损失，来获得品质优良的青贮料。主要包括4类：无机酸、有机酸、醛类和盐类。

（一）无机酸

主要包括盐酸、硫酸等。早在20世纪20年代后期就有人提出用无机酸保存饲料作物的方法，添加剂由30%盐酸和40%硫酸铵按92：8的比例配制，使用时加4倍水稀释，稀释液按50~60g/kg鲜草比例添加到青贮料中，可抑制有害微生物如大肠杆菌、酪酸菌的生长，刺激乳酸菌的生长，使pH值进一步下降。此法曾在纳维亚半岛广泛使用，然而在英国该法不被广泛地采用，主要是由于其对青贮容器具有腐蚀性，而且无机酸的大量使用会引起反刍动物体内酸碱平衡失调，采食量降低，生产性能下降，目前使用不多。

（二）有机酸

主要包括甲（蚁）酸、丙酸、山梨酸、苯甲酸、柠檬酸、水杨酸等。甲酸是脂肪酸系列中最强的酸，甲酸的抗菌作用和其他脂肪酸一样，一是氢离子浓度的作用，二是非游离酸对细菌的选择作用。在同系列脂肪酸中，氢离子的浓度随分子量的增加而减少，而抗菌效果却增加。同一浓度甲酸的添加量应随青贮原料的种类、生育期、干物质含量不同而变化。一般生产用甲酸浓度为850g/kg，苜蓿的适宜添加水平为5~6L/t。因甲酸腐蚀性强，一般商业上采用其复合盐。随着脂肪酸链长度的增加，其抗菌作用增加，但许多高级脂肪酸如癸酸、十二（烷）醇、十四（烷）酰、十六（烷）酸、棕榈酸、乙酸十八（烷）醇酯等通过实验证明不能作为发酵抑制剂。乳酸的抑菌效果比甲酸差，但通过增加乳酸处理浓度，亦能达到较好地抑制发酵作用，各种测定指标与甲酸处理后的结果接近。因乳酸腐蚀性比乙酸小，使用较为安全方便，因此乳酸与甲酸青贮效果的比较研究有待进一步展开。

（三）醛类

主要为甲醛，商业上把含40%甲醛的水溶液称福尔马林。其具有2个特性：①抑制微生物繁殖的特性；②阻止及减弱瘤胃微生物对植物蛋白质的分解。因为甲醛能与蛋白质结合形成复杂的络合物,很难被瘤胃微生物分解,却可以在真胃内胃蛋白酶的作用下分解,使蛋白质为家畜吸收利用,但甲醛应用得太多,则维持瘤胃微生物生长所需的正常的蛋白质就会缺少,需补给可降解的蛋白质。一般可按青贮原料中蛋白质的含量来计算甲醛添加量,一般来说,甲醛的安全和有效用量为30~50g/kg(粗蛋白质)。

(四)盐类

主要有氢氧化钠、氯化钠、苯甲酸钠、山梨酸钾、亚硝酸钠等。氢氧化钠是改善麦秆及谷粒消化率最有效的添加剂,在20世纪80年代,开始在谷类农作物青贮中添加氢氧化钠,在含60%干物质谷类青贮中,以50g/kg(干物质)比例添加氢氧化钠后,发现不仅提高了青贮料的消化率,还可降低氨态氮水平及增强青贮料的好氧稳定性,而在干物质含量低的饲料作物中添加氢氧化钠后无有益影响。氯化钠作为一种发酵抑制剂,其安全、方便、便宜,在目前来说,应用较多,一般来说添加量为0.5%~0.8%。

三、有氧腐败抑制剂

青贮饲料营养丰富,适口性好,消化率高,是一种优质饲料来源。在生产实践中青贮饲料面临的一个最主要问题是有氧腐败,由于养殖工作者没有严格控制好青贮饲料在发酵过程中所需要的厌氧环境和取用过程中没有妥善的管理,容易造成有氧腐败。如果给动物饲喂了发霉变质的青贮饲料,会降低动物生产性能,导致动物的疾病甚至是死亡,降低经济效益。在生产实践中把氧气完全从青贮罐排出是不可能的,但青贮原料迅速地装填、压实、及时密封再加上好的管理措施可使青贮料的好氧性变质降低到最小。

青贮饲料的有氧腐败并不是开封后由空气中微生物的侵入而导致的结果,而是开封后青贮料中附着的酵母菌,丝状菌和好氧性细菌在有氧的条件下，发酵青贮饲料中的碳水化合物、含氮化合物所造成的。添加好氧性变质抑制剂主要是抑制上述菌类的活动，主要有酸类和盐类。

（一）酸类

1. 甲酸

添加甲酸青贮是国内外广泛使用的一种甲酸青贮方法，能有效增强青贮料的有氧稳定性，添加量一般为0.5%。甲酸具有较强的还原能力，是炼焦的副产物。添加甲酸比添加盐酸、硫酸等无机酸的效果好，因为无机酸只有酸化效果，而甲酸不但能降低青贮料的pH值，而且还可以抑制植物呼吸和不良微生物生长繁殖，如梭状芽孢杆菌、芽孢杆菌等，抑制了这些有害细菌的生长繁殖，从而增强了青贮料的有氧稳定性。此外，甲酸在青贮料和瘤胃消化过程中，能分解成对家畜无毒的CO_2和CH_4，甲酸本身也可被吸收利用。加甲酸制成的青贮料，蛋白质分解损失仅为0.3% ~ 0.5%，而在一般青贮中则达1.1% ~ 1.3%。苜蓿、三叶草青贮加甲酸，粗纤维可减少5.2% ~ 6.4%，且减少的这部分粗纤维水解变成低聚糖，可为动物吸收利用，而一般青贮粗纤维仅减少1.1% ~ 1.3%。另外，加甲酸青贮可以减少青贮料中胡萝卜素、维生素C、钙、磷等营养物质的损失。

2. 丙酸

丙酸已广泛应用于潮湿贮藏谷物防腐中，比甲酸及其他无机酸的酸性弱，但依旧是一种有效的抗真菌剂，在抑制青贮饲料有氧腐败方面有着良好的效果，有研究报道在全株玉米青贮中按新鲜质量的0.1% ~ 0.2%加入丙酸，发现在高浓度的条件下，丙酸可以通过降低pH值来提高青贮料的好氧稳定性。随着pH值的降低丙酸的抑菌特性增加，因此，甲酸与丙酸混合添加比单独使用丙酸效果好。添加丙酸对增加青贮乳酸含量、降低青贮pH值和氨态氮浓度的效果均优于乙酸，一般认为添加量为0.5% ~ 0.6%就可以有效抑制不良微生物的繁殖。

3. 盐类

苯甲酸钠、山梨酸钾、亚硝酸钠这3种盐均可增强青贮饲料的有氧稳定性，混合添加对各种饲料作物的青贮发酵效果品质还具有改善作用，可以显著降低青贮pH值、氨态氮、丁酸和乙醇浓度及梭状芽孢杆菌数，还能减少干物质损失。因此，苯甲酸钠、山梨酸钾、亚硝酸钠可作为青贮较好的抑制性添加剂。苯甲酸钠为酸性防霉剂，有较高的抗菌性能，抑制霉菌的生长繁殖，其主要是通过抑制微生物体内的脱氢酶系统，从而达到抑制微生物的生长和起防腐作用，对细菌、霉菌、酵母菌均存在抑制作用，其效果随pH值的升高而减弱。0.2%苯甲酸钠能有效阻止由丁霉菌酵母引起的玉米青贮饲料有氧腐败，特别是对娄底霉菌。山梨酸钾是好氧性微生物抑制剂，能有效地抑制霉菌、酵母菌和好氧性细菌的活性，且在动物机体内可被同化产生CO_2和H_2O。Shao等的研究表明添加0.1%的山梨酸于燕麦青贮中可减少挥发性脂肪酸含量，降低氨态氮在总氮中的占比，降低水溶性碳水化合物的损失，有效地抑制梭菌的活性，促进乳酸发酵，提高青贮饲料发酵品质。亚硝酸钠一般是和其他添加剂混合使用，在一些研究中苯甲酸钠、丙酸钠、亚硝酸钠混合使用能提高青贮饲料的有氧稳定性。

四、营养型添加剂

营养型添加剂是指加入青贮料后能明显地改善家畜营养需要的物质。通常分为碳水化合物和含氮化合物。

（一）碳水化合物

碳水化合物也可归为发酵促进剂里，因为添加碳水化合物可以增加乳酸菌的发酵底物，促进乳酸菌发酵，但同时也可以算作营养性添加剂，因为碳水化合物可以提高青贮饲料的含糖量，提升营养价值，改善适口性。碳水化合物种类很多，有糖蜜、麦麸和玉米面等。糖蜜是甜菜、甘蔗等制糖工业的副产品，其中主要成分是蔗糖，还含有40%～46%的葡萄糖、果糖等，另外也含有少量蛋白质、矿物质、维生素等其他营养成分。在青贮中添加

3%糖蜜能够有效防止水溶性碳水化合物和干物质的降解，显著降低青贮料pH值与氨态氮含量，有效加快酸性洗涤纤维和中性洗涤纤维的降解程度，显著提高干物质与粗蛋白质含量，提高青贮饲料的适口性，能有效改善和提高青贮饲料的品质。

（二）含氮化合物

含氮化合物多为营养性添加剂，如尿素、氨水等。尿素不仅能够提高青贮中乳酸含量及抑制不良微生物的繁殖和生长，还可显著提高青贮饲料中粗蛋白质含量。尿素在尿素酶的作用下可分解成CO_2和NH_3，这也利于青贮料的贮存，一般认为添加量为0.5%，添加0.5%的尿素不仅提高了青贮饲料中粗蛋白质含量，同时也显著提高动物的消化率。氨水可以抑制酵母菌、霉菌等，提高纤维素和干物质的可降解性，氨化物可通过青贮微生物对氮的利用，形成菌体蛋白，提高青贮料中的蛋白质含量。

五、吸收剂

在青贮过程中，由于时间、天气、原料自身特性等原因可能在青贮进行时原料水分偏高，这可能导致渗出液过多，影响青贮品质及营养价值，这时就需要添加吸收剂来进行调节，一般可用作吸收剂的有稻草、秸秆、麸皮等。水分过高的原料在青贮过程中添加了含酸的添加剂后，青贮料中流出的渗出液将进一步提高，吸收剂可减少青贮料中的水分，降低渗出液的流出，但是吸收的效率与青贮原料的物理特性及应用方法、青贮罐的设计及排水有关。有研究曾报道，把麸皮按50kg/t添加到禾本科牧草青贮中，可降低青贮罐中50%的渗出液，干物质含量及代谢能提高，氨态氮水平降低，可见，在水分偏高时添加吸收剂是很有必要的，丙烯酰胺的聚合物、斑脱土等也可用作吸收剂。

第二节　贵州省青贮添加剂选择建议

制作青贮饲料历史由来已久，研究报道也较多，但由于所处地方气候环境不同及原材料的不同，各研究报道的结果并不完全一致，对于如何使用添加剂也未有明确定论。根据目前的发展情况来看，评判青贮饲料好坏有两个重要方面：发酵品质和有氧稳定性。近年来的研究结果表明，使用某些添加剂能增强青贮饲料的有氧稳定性，某些添加剂能提高青贮饲料的发酵品质。

一、从发酵品质考虑应选用的青贮添加剂

青贮的本质是乳酸菌发酵糖类生成乳酸，乳酸到达一定浓度后抑制包括乳酸菌在内的微生物的活动，从而使得饲料能长久的保存下来，这其中最关键的是乳酸菌，如乳酸菌能快速大量的生长繁殖，则发酵品质较好。乳酸菌属于微生物，受环境气候影响较大，温暖湿润的气候条件适宜各类微生物生长繁殖，所以在温暖湿润区，乳酸菌能较好地生长繁殖，只要原材料能满足以下4个条件：①应含有适量并以水溶性碳水化合物形式存在的发酵基质；②干物质的含量应在200g/kg以上；③应具有较低的缓冲度；④应具有一种理想的物理结构，即这种结构使饲料作物在青贮罐里容易压实。那么不使用添加剂也能得到品质较好的青贮饲料，但要想获得品质更好、营养价值较高的青贮料，可以选用营养型添加剂，如尿素、氨水、糖蜜等。

二、从有氧稳定性考虑应选用的青贮添加剂

以往人们在生产或研究青贮饲料时，更多的是关注发酵品质，近年来，人们开始越来越重视青贮饲料的另一个方面：有氧稳定性。有氧稳定性是指青贮饲料暴露在空气中保持不变质的能力，一般以时间（h）为衡量单位，越久越好。生产中由于没有严格控制青贮饲料在发酵贮藏过程中所需的厌氧环境以及在取用过程中未能妥善管理，容易发生有氧腐败，导致青贮饲料营养水平大幅降低，青贮饲料发霉变质，从而降低动物生产性能和经济效益。因此，如何有效地控制有氧腐败对于保证青贮饲料的品质非常重要。霉菌和酵母菌是导致青贮饲料有氧腐败的主要有害微生物，青贮饲料中的霉菌和酵母菌数量越少越好，消失的时间

越早越好。20～30℃是大多数霉菌的最适生长温度范围，同时需要大约75%左右的相对湿度，当相对湿度达到80%～100%时，霉菌的生长会更迅速。温度对青贮微生物和发酵产物影响较大，对有氧稳定性也可能产生影响，提高环境温度会增加有氧质变的机会，特别是促进了有害微生物的生长和繁殖，如梭状芽孢杆菌和肠杆菌。西南温暖湿润区多属亚热带季风湿润气候，阴雨多，日照少，湿度大，夏季（6—8月）各月平均气温多在20～25℃，年平均相对湿度在80%左右，最大的达85%，这种温暖潮湿的环境适宜各类霉菌生长，在该地区，有氧腐败问题突出。但如果对于有氧稳定性没有特别高的需求，推荐使用尿素，因为有研究报道尿素能提高有氧稳定性。且笔者在该区域开展的试验结果也表明，尿素能一定程度上提高有氧稳定性，达到了83h，能满足生产实际中的需求，如果对有氧稳定性有特别高的要求，可以使用甲酸、丙酸。

三、综合考虑发酵品质和有氧稳定性应选用的青贮添加剂

在生产中，不能只考虑发酵品质而忽略有氧稳定性，尤其是对西南温暖湿润区来说。对于能满足常规发酵条件的原材料来说，可以选择尿素，因为尿素不仅能提升青贮料的营养价值，且尿素能在一定程度上提高有氧稳定性，笔者在温暖湿润区开展了以青贮玉米为原材料的青贮试验，在青贮过程中添加尿素，发现尿素虽然不及丙酸那样能大幅提高有氧稳定性，但也能一定程度上提高有氧稳定性，添加了尿素的处理组有氧稳定性持续了83h，能满足生产实际中的需求。对于不能满足常规发酵条件的原材料来说，可以选用发酵促进剂和尿素同时进行添加，如乳酸菌和尿素，糖蜜和尿素等。

第五章　青贮饲料的质量检测及饲喂

第一节　青贮饲料的质量检测

青贮饲料制作完成后，不是所有的成品都能用于饲喂家畜，需检测合格后才能进行饲喂。青贮饲料的检测可分为两大部分感官评价和实验室评价两种。

一、感官评价

感官评价即在青贮发酵完成后打开青贮窖，由有经验的人员在现场对青贮饲料进行一个初步的判断，根据气味、结构、色泽3个主要指标来判断青贮饲料是否适合用于饲喂家畜。

质地：优质青贮饲料质地紧密、湿润、茎叶和籽粒结构能清晰辨认，基本保持原来的形状。中等青贮饲料茎叶部分保持原状，柔软，水分稍多。劣等的结成一团，腐烂发黏，分不清原有结构。结构破坏及呈黏滑状态是青贮腐败的标志，黏度越大，表示腐败程度越高（图5-1、图5-2）。

图5-1　发酵品质良好的全株玉米

图5-2　产生霉变的青贮饲料

气味：一般来说，品质优良的青贮饲料通常具有轻微的酸味和水果香味，略带醇香味，类似刚切开的面包味和香烟味；品质中等的青贮料香味淡薄，具有浓的醋酸味；低劣青贮料具有臭味和霉味。总之，芳香而喜闻者为上等，刺鼻者为中等，臭而难闻者为劣等。陈腐的脂肪臭味以及令人作呕的气味说明产生了丁酸，也就是青贮失败。霉味说明压得不紧，封得不严，空气进入了青贮容器，引起饲料霉变。出现类似堆肥样的不愉快气味说明饲料中蛋白质已分解。

色泽：优质的青贮饲料非常接近于作物原先的颜色。若青贮前作物为绿色，青贮后仍为绿色或黄绿色最佳。青贮容器内原料发酵的温度是影响青贮饲料色泽的主要因素，青贮质量感官鉴定温度越低，青贮饲料就越接近于原先的颜色。对于禾本科牧草，温度高于30℃，颜色变成深黄；当温度为45～60℃，颜色近于棕色；超过60℃，由于糖分焦化近乎黑色。一般来说，品质优良的青贮饲料颜色呈黄绿色或青绿色，中等的为黄褐色或暗绿色，劣等的为褐色或黑色。

每个指标都有对应的打分标准，对3个指标分别进行打分后，将3个指标的得分相加，所得到的总分即为最后得分。评判标准见表5-1。

表5-1　青贮质量感官评分标准

指标		分数
颜色	与原料颜色相似，呈青绿色或黄绿色	2
	略有白色，呈淡黄色或带褐色	1
	变色严重，墨绿色或褐色呈黄色、黑色	0
气味	无丁酸臭味，有芳香果味或明显的面包香味	14
	有微弱的丁酸臭味，或较强的酸味、芳香味弱	10
	丁酸味颇重，或有刺鼻的焦糊臭或霉味	4
	有很强的丁酸臭或氨味，或几乎无酸味	2

（续表）

指标			分数
质地	茎叶结构保持良好		4
	叶子结构保持较差		2
	茎叶结构保存极差或发现有轻度霉菌或轻度污染		1
	茎叶腐烂或污染严重		0
得分	16～20	10～15	5～9	0～4
等级	1级优良	2级尚好	3级中等	4级腐败

二、实验室评价

在生产实践中，一般情况下很少会进行实验室评价，有条件的可以进行，这样可以得到更加准确的数据资料，指导生产。实验室鉴定内容，包括青贮料的酸碱度（pH值）、各种有机酸含量、微生物种类和数量、营养物质含量变化以及青贮料可消化性及营养价值等，其中以测定pH值及各种有机酸含量较普遍常用。实验室评价的流程可分为：采集样品、制备样品、测定指标。

（一）采集样品

从待测饲料原料或产品中获取一定数量、具有代表性的部分作为样品的过程称为采样。样品的采集是饲料分析中极为重要的步骤，决定分析结果的准确性。采样的根本原则是样品必须具有代表性。保证采样准确的方法有：正确的采样方法、熟练的采样技能、严格的管理。

1. 样品必须具有代表性

受检饲料容积和质量往往都很大，而分析时所用样品仅为其中的很小一部分，所以，样本采集的正确与否决定分析样品的代表性，直接影响分析结果的准确性。因此，在采样时，应根据分析要求，遵循正确的采样技术，并详细注明饲料样品的情况，使采集的样品具有足够的代表性，使采样引起的误差减至最低限度，使所得分析结果能为生产实际所参考和应用。否则，如果样品不具有代表性，即使一系列分析工作非常精密、准确，其意义都不大，有时甚至会得出错误结论。

2. 正确的采样方法

正确的采样应从具有不同代表性的区域取几个样点，然后把这些样品充分混合成为整个饲料的代表样品，然后再从中分出一小部分作为分析样品用。采样过程中，做到随机、客观，避免人为和主观因素的影响。青贮饲料的样品一般在圆形窖，青贮塔或长形壕内采样。取样前应除去覆盖的泥土、秸秆以及发霉变质的青饲料。原始样品质量为500～1 000g，长形青贮壕的采样点视青贮壕长度大小分为若干段，每段设采样点分层取样（图5-3）。

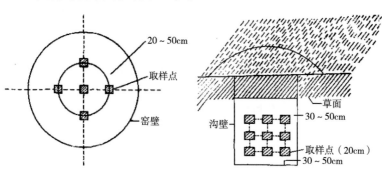

图5-3　取样点的选择

（二）制备样品

将样品经过干燥、磨碎和混合处理，以便进行理化分析的过程称为样品的制备。制备样品是指将原始样品或次级样品经过一定的处理成为分析样品的过程，制备方法包括烘干、粉碎和混匀，青贮饲料制备成的样品一般称为半干样品。半干样品经粉碎机磨细，通过1.00～0.25mm孔筛，即得分析样品。将分析样品装入广口瓶中，在瓶上贴上标签，注明样品名称采样地点采样日期、制样日期、分析日期和制样人，然后保存备用。过程如下。

（1）瓷盘称重。在普通天平上称取瓷盘的质量。

（2）称样品重。用已知质量的瓷盘在普通天平上称取新鲜样品200～300g。

（3）灭酶活。将装有新鲜样品的瓷盘放入120℃烘箱中烘10～15min目的是使新鲜饲料中存在的各种酶失活，以减少其对饲料养分分解造成的损失。

（7）烘干。将瓷盘迅速放在60～70℃烘箱中烘干一定时间，直到样品干燥容易磨碎为止。烘干时间一般为8～12h，取决于样品含水量和样品数量。含水量低，数量少的样品也可能只需5～6h即可烘干。

（5）回潮和称重。取出瓷盘，放置在室内自然条件下冷却24h，然后用普通天平称重。

（6）再烘干。将瓷盘再次放入60～70℃烘箱中烘2h。

（7）再回潮和称重，取出瓷盘，同样在室内自然条件下冷却24h，然后用普通天平称重。如果两次质量之差超过0.5g，则将瓷盘再放入烘箱，重复（6）和（7），直至两次称重之差不超过0.5g为止。以最低的质量即为半干样品的质量。将半干样品粉碎至一定细度即为分析样品。

（三）测定指标

实验室评价主要包括以下几个指标：概略养分、pH值、有机酸和可溶性碳水化合物。概略养分分为6个组分：①水分；②粗灰分；③粗蛋白质；④粗脂肪（乙醚浸出物）；⑤粗纤维；⑥无氮浸出物。以上指标均按照饲料质量检测技术进行分析测定。

第二节　青贮饲料饲喂技术

一般青贮在制作45d后（温度适宜30d）即可开始取用。大型青贮窖，由一端除去覆盖物，垂直切面启窖，从上到下，直到窖底（图5-4）。切勿全面打开，防止曝晒、雨淋、结冰，严禁掏洞取料。地面堆贮和小型窖也应尽量由一端取料。圆形窖和塔应清除全部覆盖物，如黏土、碎草层、上层发酵的青贮料等，由上到下取用。保持表面平整，每天取后及时覆盖草帘或席片，防止二次发酵。无论哪种方法取料，都应坚持每天取料，每次取料层应在15cm以上。用青贮饲料喂家畜，初期喂量不宜过多，应配合一部分精料，以后逐渐增加喂量。青贮饲料含有大量有机酸，具轻泻性，因此，母畜怀孕后不宜多喂，产前15d停喂。家畜对青贮饲料的采食量往往由于青贮料中的游离酸的浓度过高而受到抑制，故当青贮饲料酸度过大时，可用浓度为5%~10%的石灰乳中和后饲喂。青贮料启窖后，要防止由于管理不当引起霉变而出现温度再次上升的二次发酵现象。这是由于启窖后的青贮开始接触空气后，好气性细菌和霉菌开始大量繁殖，分解青贮饲料中的糖、乳酸和乙酸，以及蛋白质和氨基酸，使青贮饲料发酵变坏所致。

图5-4 大型青贮窖取料操作

一、奶牛饲喂技术及推荐量

（一）饲喂方法

1. 饲喂要点

饲喂时，初期应少喂一些，以后逐渐增加到足量，让奶牛有一个适应过程，切不可一次性足量饲喂，造成奶牛瘤胃内的青贮饲料过多，酸度过大，反而影响奶牛的正常采食和产奶性能。应及时给奶牛添加小苏打，喂青贮饲料时奶牛瘤胃内的pH值降低，容易引起酸中毒。可在精料中添加13％的小苏打，促进胃的蠕动，中和瘤胃内的酸性物质，升高pH值，增加采食量，提高消化率，增加产奶量。每次饲喂的青贮饲料应和干草搅拌均匀后，再饲喂奶牛，避免奶牛挑食。有条件的奶牛户，最好将精料、青贮饲料和干草进行充分搅拌，制成"全混合日粮"饲喂奶牛，效果会更好。青贮饲料或其他粗饲料，每天最好饲喂3次或4次，增加奶牛"倒嚼"的次数。奶牛"倒嚼"时产生并吞咽的唾液，有助于缓冲胃酸，促进氮素循环利用，促进微生物对饲料的消化利用。农村中有很多奶牛户，每天2次喂料法是极不科学的，一是增加了奶牛瘤胃的负担，影响奶牛正常"倒嚼"的次数和时间。降低了饲料的转化率，长期下去易引起奶牛前胃的疾病。二是影响奶牛的消化率，造成产奶量和乳脂率下降。冰冻青贮饲料是不能饲喂奶牛的，必须经过化冻后才能饲喂，否则易引起孕牛流产。

2. 饲喂次数

建议每天上、下午各取1次为宜，每次取用的厚度应不少于10cm，保证青贮饲料的新鲜品质，适口性也好，营养损失降到最低点，达到饲喂青贮饲料的最佳效果。取出的青贮饲料不能暴露在日光下，也不要散堆、散放，最好用袋装，放置在牛舍内阴凉处。每次取完青贮饲料后，再重新踩实1遍，然后用塑料布盖严。

3. 注意事项

饲喂过程中，如发现奶牛有拉稀现象，应立即减量或停

喂，检查青贮饲料中是否混进霉变青贮或其他疾病原因造成奶牛拉稀，待恢复正常后再继续饲喂。

每天要及时清理饲槽，尤其是死角部位，把已变质的青贮饲料清理干净，再喂给新鲜的青贮饲料。喂给青贮饲料后，则应视奶牛产奶量和膘情，酌情减少一定量的精料投放量，但不宜减量过多、过急。青贮窖、青贮壕应严防鼠害，避免把一些疾病传染给奶牛。

（二）饲喂量

应根据成年母牛的体重和产奶量来决定投放青贮饲料的数量。体重在500kg、日产奶量在25kg以上的泌乳牛，每天可饲喂青贮饲料25kg、干草5kg左右。日产奶量超过30kg的泌乳牛，可饲喂青贮饲料30kg、干草8kg左右。体重在350～400kg、日产奶量在20kg的泌乳牛，可饲喂青贮饲料20kg、干草5～8kg。体重在350kg、日产奶量在15～20kg的泌乳牛，可饲喂青贮饲料15～20kg、干草8～10kg。日产奶量在15kg以下的泌乳牛，可饲喂青贮饲料15kg、干草10～12kg。奶牛临产前15d和产后15d内，应停止饲喂青贮饲料。干奶期的母牛，每天饲喂青贮饲料10～15kg，其他补给适量的干草。育成牛的青贮饲喂量以少为好，最好控制在5～10kg以内。对于幼畜，应当少喂或不喂。

二、肉牛饲喂技术及推荐量

（一）饲喂方法

1. 最好采用TMR方式饲喂

将青贮饲料和精料、优质干草等搅拌均匀后再饲喂，避免牛挑食。

2. 饲喂量

青贮饲料具有一定酸味，饲喂时应逐量添加，遵循循序渐进的原则。切忌一次性足量饲喂，造成瘤胃内酸度过高。

3. 饲喂次数

最好全天自由采食，以保证正常的反刍。每天饲喂次数不应小于2次。

4. 合理搭配

青贮饲料虽然是一种优质粗饲料，但必须与精饲料进行合理搭配才能提高利用率。配比不合理会使TMR搅拌不均匀，牛获得的营养不均衡，还会导致代谢障碍，如反刍减少、酸中毒、真胃变位等。

5. 添加剂

如果青贮饲料酸度较大，饲喂量大时就会影响牛的正常采食和生产性能。可根据实际情况添加适量的小苏打和氧化镁，一般添加量为1.5%。

6. 劣质或发霉青贮饲料禁止饲喂

劣质饲料或发霉青贮饲料有害畜体健康，容易造成母畜流产，不能饲喂。冰冻的青贮饲料则应等到冰融化后再饲喂。

7. 注意事项

（1）对于6月龄前瘤胃功能尚未发育完全的犊牛，不宜大量饲喂纤维消化率不高的青贮饲料。

（2）青年牛、育成牛和怀孕母牛在放牧阶段或冬春季舍饲阶段，可以大量饲喂发酵良好的青贮饲料或作为补饲饲料，特别是全株玉米青贮饲料。

（3）育肥牛在高精料育肥阶段需控制青贮饲料的饲喂量，以防止瘤胃酸中毒和真胃变位的发生。

（二）饲喂量

应当结合青贮饲料的品质，肉牛的年龄、性别、生理阶段、生长速度等因素，参考饲养标准列出的需要量确定合适的青贮饲喂量。品质良好的青贮料可以适量多喂，但不能完全替代全部饲料。一般情况下，青贮饲料干物质可以占粗饲料干物质的

1/3～2/3。成年牛每100kg体重青贮饲喂量：泌乳牛5～7kg，育肥牛4～5kg，役用牛4～4.5kg，种公牛1.5～2kg。犊牛可从生后第1个月末开始饲喂青贮料，喂量每天100～200g/头，并逐步增至5～6月龄每天8～15kg/头。

三、肉羊饲喂技术及推荐量

（一）饲喂方法

1. 建议采用TMR饲喂方式

将青贮饲料、精料、优质干草等用TMR搅拌机混匀后饲喂，避免羊的挑食和浪费。育肥羊日喂两次，每次上槽饲喂时间不宜超过3h，两次间隔时间不低于8h，以保证羊的充分反刍，保持食欲，减少饲料的浪费。

2. 三阶段育肥饲喂

建议使用三阶段式育肥饲养。第一阶段4周，精粗比30∶70；第二阶段4周，精粗比35∶65；第三阶段4周，精粗比40∶60。粗料为全株玉米青贮，辅以羊草等其他干粗饲料，精料配方根据不同生长发育阶段的肉羊营养需求合理设计，结合肉羊饲养标准首先确定玉米青贮的用量，其次从特定生理状态下羊营养物质总需要量中扣除玉米青贮饲料和其他粗饲料等提供的营养物质数量，作为精料需提供的营养量，最后以此为依据计算精料用量。饲喂时采用TMR饲喂方式。

3. 添加剂的使用

建议肉羊养殖场结合自身条件，选择绿色健康、无毒无害的饲料添加剂，如产朊假丝酵母或枯草芽孢杆菌、尿素、脂肪酸钙、莫能菌素等。

（二）饲喂量

肉羊对于玉米青贮的采食，应结合羊的生长发育阶段，来确定其营养需要量，进而选择合适的青贮饲喂量。粗饲料（包括青贮饲料）饲喂量在肉羊日粮干物质采食量中所占的比例在不同生长发育阶段有较大差异。一般来讲，育肥羊日粮中粗饲料应占日粮干物质的30%～50%，后备种羊及育成羊占60%以上。因此，精料与玉米青贮等粗饲料的饲喂量根据《中国肉羊饲养标准》（NY/T816—2004）的营养要求来具体确定。

1. 种公羊

种公羊需要维持中上等膘情，以保证其常年健壮繁殖体况。种公羊的日粮配制根据配种期和非配种期的不同饲养标准来配合，再结合个体差异做适当调整。因此玉米青贮饲料的饲喂量也应根据种公羊配种期和非配种期而有所不同。配种期种公羊的青贮饲喂量。配种期种公羊的营养供应只有得到充足保证，才能使其性欲旺盛，精子密度大、活力强，母羊受胎率高。一般应从配种前1～1.5个月开始增加精料供给（配种期饲养标准的60%～70%），逐步增加到配种期的饲养标准。配种期内，体重80～90kg的种公羊，每天需要2kg以上的饲料采食量，其间对玉米青贮的日采食量建议不低于4kg。非配种期种公羊的青贮饲喂量。非配种期种公羊需要保证热能、蛋白质、维生素和矿物质等的充分供给。在早春和冬季非配种期，体重80～90kg的种公羊，每天需1.5kg左右的饲料干物质采食量。玉米青贮的日饲喂量建议控制在3kg为宜。

2. 母羊

母羊的饲喂包括空怀期、妊娠期和哺乳期3个阶段。玉米青贮的每日饲喂量也不尽相同，但应做到循序渐进、逐步增加。空怀期母羊。空怀期母羊是指羔羊断奶到其发情配种时期。空怀期的营养供给直接影响母羊的妊娠状况。配种前1个月进行短期优饲，之后将优饲日粮逐步减少，但应严格防止营养水平的骤然下降。根据饲养标准，建议空怀期母羊玉米青贮的饲喂量在2kg左右。妊娠期母羊。母羊的妊娠期平均约为150d，分为妊娠前期和妊娠后期。妊娠前期是指母羊受胎后前3个月。这一时期，胎儿生长速度较慢，所需营养相对较少，根据饲养标准，建议妊娠前期母羊玉米青贮的饲喂量在2.5kg左右。充分保证其营养需求，避免吃霉烂饲料，以防早期流产。妊娠后期是指母羊妊娠的最后两个月。妊娠后期胎儿生长迅速，羔羊90%的初生重是在这一时期完成。妊娠后期的营养水平至关重要，关系到胎儿发育，羔羊初生重，母羊产后泌乳力，以及母羊的下一繁殖周期。母羊在妊娠后期对于饲料营养中蛋白质、钙、磷等的需求量都显著增加。青贮饲喂量建议在3kg左右。但应注意妊娠后期母羊过肥，易出现食欲不振，进而使胎儿营养不良。哺乳期母羊。肉羊哺乳期大约为90d，将哺乳期划分为哺乳前期和哺乳后期。哺乳前期是羔羊出生后前两个月，羔羊每增重1kg需耗母乳5~6kg，为满足羔羊快速生长发育的需要，必须提高母羊的营养水平，提高泌乳量。饲料应多提供优质干草、青贮料及多汁饲料。对于体重在70kg哺乳母羊，玉米青贮的每日饲喂量建议达到3kg以上。但是随着羔羊对母乳的采食量降低，应逐渐减少母羊的日粮供给，逐步过渡到空怀母羊日粮标准。

3. 育肥羊

舍饲育肥羊（20~45kg）的日粮配制要根据肉羊育肥期营养物质的需要，按照饲养标准和饲料营养成分配制出满足其生长发育的饲料。羊从出生到8月龄是羊一生中生长发育最快的时期，哺乳期是骨骼发育最快时期，4~6月龄时肌肉组织生长最快，7~8月龄时脂肪组织的增长最快，12月龄以后肌肉和脂肪的增长速度几乎相同。所以在肉羊生产中，必须根据不同时期的生产发育特点，合理地配制饲料配方，满足其生长和发育的需要，以保持舍饲育肥肉羊较高的饲养水平。研究表明，玉米青贮作为优质粗饲料，可以明显提高肉羊的平均日增重、消化能、干物质和粗蛋白利用率，胴体品质也得到改善。玉米青贮的每日饲喂量从育肥羔羊到成年育肥羊应做到逐步增加，育肥羊从3月龄开始长到80kg，玉米青贮的日饲喂量建议从1kg逐步增加到4kg左右。

第一节　原料特性

青贮玉米，又称饲料玉米，whole-plant corn（*Zea mays*），它不指具体的玉米品种，而是指基于玉米用途分类的概念。青贮玉米是指经过选育用于制作青贮饲料的青贮型玉米品种，收获时包括果穗在内的地上全部植株。青贮玉米对于畜牧业的发展具有重要贡献，是解决饲料问题的重要途径。在欧美畜牧业发达的国家中，青贮玉米已成为肉牛育肥的强化饲料（图6-1）。

图6-1　青贮玉米

青贮玉米品种是指可作为青贮玉米制作的玉米品种。可分为3种类型，即青贮专用型玉米、粮饲兼用型玉米和粮饲通用型玉米。青贮专用型玉米品种指只适合制作青贮的玉米品种，在乳熟期至蜡熟期内收获包括果穗在内的整株玉米；粮饲兼用型玉米品种是指在成熟期先收获玉米籽粒用作粮食或配合饲料，然后收获青绿的茎叶制作青贮饲料的一类玉米品种；粮饲通用型玉米品种是指既可作为普通玉米品种种植，即在成熟期收获籽粒用作粮食或配合饲料，又可作为青贮玉米品种种植，在乳熟期至蜡熟期内收获包括果穗在内的整株玉米作青贮饲料的一类玉米品种。

选用青贮玉米品种首要考虑的因素是获得更高的饲料生物产量。虽然可以把普通玉米提前收割用于制作玉米青贮饲料，但其生物量往往较低。一般在中等地力条件下，专用青贮玉米品种生物产量亩产可达4.5~6.3t，而普通籽粒玉米品种的生物产量只有2.5~3.5t。一般种植2~3亩地青贮玉米即可满足一头高产奶牛全年青粗饲料的供应需求。针对青贮玉米的品种的特点和类型，对青贮玉米品种的选择除了考虑产量指标、生理指标和抗性指标外，还要注意到果穗一般含有较高的营养物质，选用多果穗玉米可以有效地提高青贮玉米的质量和产量。目前青饲青贮玉米有两种不同类型，一是分蘖多穗型，二是单秆大穗型。分蘖型品种往往具有较多的果穗，可以改善青饲料的品质。

青贮玉米品种与普通玉米品种的主要区别如下。

株行不同：青贮玉米品种植株高大，一般在2.5~3.5m，最高可达4m，以生产鲜秸秆为主，而普通玉米则以生产玉米籽粒为主。

收获期不同：青贮玉米的最佳收获期为籽粒的乳熟期至蜡熟前期，乳线达到籽粒的1/2至3/4时期，此时生物产量最大，营养价值也最高；而普通玉米必须在完熟期以后，乳线完全消失、黑层出现后收获（图6-2）。

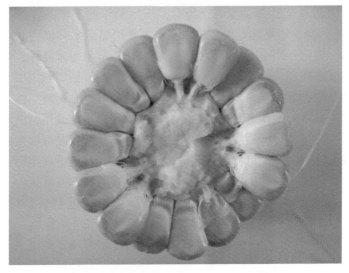

图6-2　青贮玉米的最佳收获期（1/2乳熟期）

用途不同：青贮玉米主要用于饲料，普通玉米除用于饲料外，还是重要的粮食和工业原料。玉米青贮营养丰富、气味芳香、消化率较高，鲜样中含有粗蛋白质可达3%以上，同时还含有丰富的糖类、纤维素和矿物质等。用玉米青贮饲喂反刍家畜，能有效提高饲养报酬。

第二节　青贮窖准备

青贮窖是我国应用最普遍的青贮设施。根据当地的自然、气候条件，特别是降水及地下水位情况，青贮窖一般分为地上青贮窖、地下青贮窖和半地下青贮窖三种。按照窖的形状，可分为圆形和长方形两种。青贮窖的大小应根据饲养的家畜头数和饲草原料的供应量决定，一般圆形窖直径2m，深3m，直径与窖深之比以（1：1.5）～2为宜。根据使用年限，可将青贮窖分为永久性青贮窖和半永久性青贮窖。永久性青贮窖用混凝土建成，半永久性青贮窖只是一个土坑。青贮窖的主要优点是造价低，作业比较方面，既可人工作业，也可机械作业，青贮窖可大可小，能适应不同的生产规模。青贮窖的缺点是贮存损失较大（图6-3）。

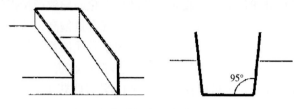

图6-3　青贮窖示意

第三节　收获时期

青贮饲料的营养价值除与原料的种类和品种有关外，还受收割时期的影响。适时收割能获得较高的收获量和优质的营养价值。一般在乳熟末期至蜡熟期可刈割利用，以蜡熟期刈割为宜，不晚于蜡熟末期。

（1）从理论上讲，不产籽实的玉米适宜收获期在抽雄前后。

（2）专用青贮玉米即带穗全株青贮玉米，过去提倡采用植株高大、较晚熟品种，在乳熟期至蜡熟期收割。在蜡熟期收获虽然消化率有所降低，但单位面积可消化养分总量却又所增加。这是因为在收获的原料中增加了营养价值很高的籽实部分。

（3）判断最适收获的时期，是根据植株含水量，最适收获期青贮玉米的含水量为60%～70%，在这一含水量范围内制作的青贮也非常适合长期保存。如果收获是全株玉米的含水量在70%以上，则由于汁液的流失易造成养分的损失，导致家畜干物质采食量的下降，同时也降低了玉米的单产。如果水分低于60%，青贮玉米不易压实，由于空气含量高而产热，易引起霉变；由于水分含量低，乙酸菌繁殖慢，酸度低，杂菌生长快，易引起发霉变质。

全株青贮玉米理想的含水量在半乳线阶段至1/4乳线阶段出现（即乳线下移到籽粒1/2～1/4阶段）。若在饲料含水量高于

70%或在半乳线阶段之前收获，干物质积累就没有达到最大量，此时青贮易造成液体渗漏，影响青贮品质。若在含水量降到60%以下或籽粒乳线消失之后收获，茎叶会老化而导致产量损失。低水分青贮不易压实，还可使青贮料中空气含量偏高，营养物质发生氧化而损失。因此，收获前应仔细观察乳线位置。如果青贮玉米能在短期内完成，则可以等到1/4乳线阶段收获。但如果需1周或更长时间收完，则可以在半乳线至1/4乳线收获（图6-4）。

| 1/4乳线期 | 1/3乳线期 | 3/4乳线期 | 生理成熟期 |

图6-4 青贮玉米不同乳熟阶段示意

第四节 制作工艺

青贮制作一般应有以下的步骤：清理设施、收获原料、适度铡切、根据实际情况调节水分、压实填装以及密封等步骤，任何步骤都应注意，否则都会影响青贮料的最终品质。

一、清理青贮设施

在选择青贮场时，应选在地势较高较干燥，排水容易，地下水位低，取用方便的地方。而后，根据当地的现有条件及适宜程度，选择合适的青贮设施，在原料收获之前，必须用高压水枪清理青贮窖（图6-5）。青贮窖中残存的霉菌，梭菌孢子等会继续繁殖，污染新的青贮原料。在进入装有陈旧原料尚未清理的青贮设施时候，如有闷气或不适感，要立即走出，用风机或风扇车将青贮设施内的有害气体排出。

图6-5　青贮窖体清扫

二、原料的收割

青贮原料的生长期及刈割时间对青贮饲料的品质有很重要的影响，收割高度越高，产量就越低，但是品质会越好。事实上，作物基部的木质素含量比上面的部分高，但是饲喂价值却比上面的部分要低。就青贮玉米而言，随着籽粒灌浆和成熟度的提高，全株鲜产及蛋白质含量有所下降，但乳熟后期至蜡熟前期（即1/3乳线至3/4乳线）全株具有较高的干物质和蛋白质总量，水分含量在65%～70%，是制作青贮的最佳时期。全株玉米青贮收获时的合理的留茬高度一般为15～20cm（图6-6）。留茬过低会混入较多的泥土，易造成腐败；纤维含量过高，动物采食量降低。留茬过高导致产量降低，影响经济效益。

图6-6　原料的收割

确定合适的全株青贮玉米原料后，根据青贮规模选择适宜的收割设备及切短器械。青贮的切碎长度根据饲喂家畜的种类及原料的种类而定，一般切成1～3cm。以全株玉米青贮为列，对于干物质含量在35%以下的整株玉米，一般可以铡至1.0～1.5cm，而对干物质含量在35%以上很难被压实的整株玉米，最好将其铡至0.5～1.0cm。对干物质含量在30%以上的，可以借助粉碎机进行切碎。

三、调节水分

青贮原料的含水量是决定青贮成败的重要因素之一，一般青贮饲料的适宜水分含量控制在65%～70%，适宜的含水量可以减少干物质损失并为乳酸菌发酵提供良好的环境。全株刘割含水量较高时可适当晾晒，或在青贮加工时添加秸秆、干草等原料进行混合青贮。

四、青贮玉米原料水分估测

手工估测水分含量：用手挤压粗料，感到湿润，手指间有汁液流出，表明原料水分含量高于75%；如果团块不散开，且手掌有水迹，表明原料水分在69%～75%；如果团块慢慢散开，手掌潮湿，表明水分含量在60%～67%，属制作青贮的最佳含水量；如果原料不成团块，而是像海绵一样突然散开，表明其水分含量低于60%（图6-7）。

图6-7　手工估测水分含量

用微波炉测定含水量：利用一般微波炉和一台电子称进行粗略的干物质测定。方法如下：①首先称一下在微波炉上安全使用的能容纳100~200g粗料的容器重量（非金属制品），记录质量（W1）；②称100~200g粗料（W2），放置在容器内，样品越大，测定越准确；③在微波炉内，用玻璃杯放置200mL水，用于吸收额外的热量，以避免样品着火；④把微波炉调到最大档的80%~90%，设置5min，再次称重，并记录质量；⑤重复第四步，直到2次之间的质量相差在5g以内；⑥把微波炉调到最大档的30%~40%，设置1min，再次称重并记录质量。⑦重复第六部，直到两次之间的质量相差在1g以内，记录干物质质量（W3）；⑧计算干物质含量，公式为：DM%={（W3-W1）/W2}×100%。

五、填装与压实

切短的原料应立即装填入窖（图6-8），在装填的同时要进行踩实或机械压实，进而减少窖内存留的空气，无论机械还是人工压实，都要注意四周及四个角落处不易压实的地方。压实的密度越高，青贮中霉菌含量越少，有氧稳定性越好，青贮发酵品质越优。青贮中干物质压窖密度越大，干物质含量越高。在判断青贮的压实密度时，可依据每立方米青贮内的空气不超过1.2L为原则。装填及压实的过程应尽量缩短时间，一般小型青贮窖建议1d之内填装完成，中型青贮窖建议2~3d完成装填，大型青贮窖装填过程不要超过4d，若遇下雨天气中途停止作业应立即盖上一层青贮薄膜，防止雨水渗漏进入，如果遇到连阴雨天，要像封窖一样覆盖。装填过程中青贮原料由内到外呈楔形分段装填，青贮原料装满至高出青贮窖边缘50~60cm，防止青贮料沉降后低于青贮窖边缘，引起漏气或积水。

图6-8　粉碎后填装

六、密封

装填完成后的3～4d，如果不能阻断外部空气进入青贮窖容器，将发生丁酸发酵。在这种情况下，由于好气性细菌的大量增殖，乳酸菌活动会受到抑制，pH值不能降低；然后进入厌氧条件后，丁酸菌就会增殖，产生劣质青贮饲料。相关实验显示早期密封及延迟密封对青贮品质有极大的影响，延迟密封会降低青贮中发酵底物的含量，所以尽早密封会使得青贮品质更优。因此，在装填压实结束后应立即密封和覆盖，用整块黑白膜从青贮窖侧面向中间覆盖，中间交叉的地方重叠覆盖2～3m（图6-9）。然后在薄膜上面用青贮压实物压实。窖顶呈馒头状，窖四周挖排水沟。密封后，还需经常检查密封性，发现裂缝和空隙时及时修复。要做到不漏气、不透水。

图6-9　边缘密封性较差的青贮窖

第五节　管理维护

青贮封窖后的一周内会有10%左右的下沉，如果下沉幅度过大说明压实密度不够。派专人管理青贮窖，发现透气等情况需要及时处理。要做好青贮窖的排水，特别是地下青贮窖防止雨水灌入。

第六节　取用注意事项

青贮饲料一般经过40～50d便能完成发酵过程，全株玉米发酵一般需要30～35d，即可开窖使用，开窖时间可根据需要而定，但要尽可能避开高温或严寒季节。高温季节，青贮料开窖后二次发酵严重，严寒季节青贮料易结冰，容易引起妊娠家畜流产。在气温较低、缺草的季节饲喂青贮料最为适宜。

青贮饲料是在厌氧条件下利用乳酸菌发酵作用保存起来的多汁饲料，与空气一接触，霉菌和酵母菌等就会活跃起来，引发青贮饲料的变质腐败，即"二次发酵"。尤其是在夏季，正是各种细菌活动最旺盛的时候，青贮料也最易腐败变坏。因此，开窖后的取用和保管对青贮饲料的营养物质保存十分重要。取用青贮饲料时，要从青贮窖的一端开始，自表面一层一层地住下取，使青饲料始终保持一个平面，不应由一处挖洞掏取。从青贮壕中取料时应从青贮料的横断面垂直方向，由上向下一小段一小段地切取，切取的工具可用饲料刀、铁锹或铁叉等。取料以当日喂完为准，有助于保持青贮料的新鲜，切勿取一次喂数日。此外，青贮饲料取出后，应及时密封窖口，减少与空气接触的时间，防止二次发酵，同时防止雨淋暴晒。因天气太热或因其他原因保存不当，表层的青贮变质或发霉，应及时取出抛弃，不能用来饲喂家畜，以免引起家畜患消化道疾病。青贮窖打开后，如果中途停喂，时间间隔较长，必须按原来封窖方法将青贮窖盖好封严，做到不透气、不漏水，青贮料可继续保存。

第七节　添加剂使用

全株玉米的营养较为丰富，适合青贮，在青贮过程中常用的添加剂主要是微生物菌剂、有机酸等，而其他种类的添加剂可依据全株玉米原料的具体情况如干湿度、不同收获期等选择酌情添加。

第七章　紫花苜蓿青贮调制

第一节　原料特性

　　紫花苜蓿（*Medicago sativa*）为豆科多年生草本，少数种类为一年生。根系发达，多为直根系。生长的最适温度为15～25℃，不耐高温，气温达到33～35℃不能正常生长或死亡。苜蓿有较强的抗寒性，气温达到5℃时开始返青。苜蓿最忌春季发生倒春寒，在苜蓿返青时的3—4月，如果出现2～4次气温下降到8～10℃的情况，苜蓿返青率降低甚至全部死亡。苜蓿虽然耐旱，但对水分的需求量较大。对土壤要求十分严格，但最适合在有机质丰富、结构良好的中性土壤中或沙壤地上生长。苜蓿种类、品种、栽培地、生产条件等的不同，产量会表现出较大的差异，旱地栽培干草产量一般为2 250～5 250kg/hm²，水浇地种植干草产量为9 000～15 000kg/hm²。

　　苜蓿素有"牧草之王"的美称，在贵州紫花苜蓿是栽培面积最大，经济价值最高的一种。在良好的管护水平下，每年可刈割4～6茬。根据不同地区选择不同类型是种植的关键因素，在贵州等西南地区选择使用休眠级6～10级的紫花苜蓿品种，具有高抗性、丰产优质的特点，而通过多年推广种植，事实表明高休眠级的紫花苜蓿品种十分适宜贵州等西南地区使用。目前贵州主要种植全国草品种审定委员会审定品种有：三得利（休眠级6级）、WL525HQ（休眠级8级）、WL656HQ（休眠级8级），另外还有部分品种如游客、赛迪系列紫花苜蓿、巨能系列品种，如赛迪7、巨能601等。据不完全统计，目前贵州累计推广种植紫花苜蓿7.6万余亩，种植地海拔1 500m以下，主要地区分布全省各地，除作为常规饲草料使用外，部分地区用于生态恢复治理、重金属治理等生态用途。

紫花苜蓿粗蛋白质含量高，营养丰富，在提高奶牛产奶量和乳制品及肉牛增重等方面效果显著（图7-1）。由于苜蓿含有较低的可溶性碳水化合物和较高的缓冲能，给苜蓿的青贮增加许多困难，但通过适度的晾晒，添加糖蜜等富含可溶性碳水化合物的添加剂，添加纤维素酶制剂及有益微生物等方法，可以有效解决苜蓿青贮难题。苜蓿的青贮不仅可以减少养分的损失，而且可以保持青绿饲料的营养特性。苜蓿青贮后适口性好、品质好、消化率高、能长期保存。而且以拉伸膜裹包形式贮存的青贮也可进入流通领域，可在异地销售利用。优质苜蓿青贮饲料粗蛋白质含量在18%以上，成为重要的植物蛋白质来源，在开发生产饲料蛋白质，健康稳定发展畜牧业和提高人类体质健康方面具有深远的意义。

图7-1　贵州地区种植的紫花苜蓿

第二节　青贮窖准备

同全珠青贮玉米青贮窖准备。

第三节　收获时期

收割时间对苜蓿的产量和质量有较大的影响，主要根据苜蓿各生育期的粗蛋白质等营养物质含量和牧草产量来确定最佳的收割时间。苜蓿的适宜收割时间在现蕾期到初花期收割，可获得产量既高、品质又好，而且有利于苜蓿再生。在生产实践中，贵州苜蓿种植面积不大，机械化水平低，应该在现蕾期初期收割；第二茬草和第三茬草可根据当地的物候期和牧草生长情况，及时进行收割。最后一次刈割，应给苜蓿留下20～30d的生长时间，使根部积累足够的营养物质，为安全越冬和第二年的生长做好准备，具体时间约在初霜期前15～20d进行。

当苜蓿80%以上的枝条出现花蕾时，这个时期称为现蕾期；当约有20%的小花开花时，这个时期就是苜蓿的初花期。

收获时为了获得更高的品质，应注意以下几点。

（1）在天气晴好的日子里刈割。

（2）在刈割前4～5周不宜施用氮肥。

（3）刈割后适当的凋萎或晾晒有助于提高原料的干物质和糖分含量。

（4）刈割留茬高度控制在8～15cm，留茬太低容易伤及苜蓿根部新萌发的枝芽，影响苜蓿的再生，且在搂草过程中容易带入泥土，影响青贮苜蓿品质，也会造成苜蓿青贮灰分过高。

（5）最后一次刈割留茬高度应在10cm以上，有利于苜蓿安全越冬和积雪，在地区气候较温和，生产中齐地面刈割，可减少在田间苜蓿留上越冬的病虫害。

第四节　制作工艺

苜蓿青贮多采用低水分青贮，即含水量在40%～60%时青贮效果好。其制作工艺如下：

准备青贮设施→适时刈割→水分调节→切碎→运送叶→装

填压实→密封

一、苜蓿切碎窖（池）青贮

准备青贮设施：青贮窖（壕）修建时可根据地下水位情况、饲养家畜的数量和以后发展规模及饲草的利用方式等确定青贮窖的修建形式、形状和大小，采用砖砌、石砌或水泥、沙石浆浇铸。一般根据地下水位可修建地上式、半地上式和地下式青贮窖；形状为圆形、方形、长方形或青贮壕；根据饲养规模确定青贮窖和青贮壕的大小和数量。当苜蓿贮量为0.5万～2.5万kg时，青贮窖可修建为圆形，容积为20～100m³，可建2～3个窖，使用和管理起来都比较方便。贮量达到2.5万～20万kg时，须修建1～2个青贮壕，贮量大，可利用机械镇压，装填和取料都比较方便。

青贮塔是用钢筋、水泥、砖砌成的永久性建筑物。优点是经久耐用，占地小，损失小，机械化程度高，但成本大，设施较复杂。地面堆贮不专门占地，选一块干燥、平坦的地面，铺上塑料布，然后将青贮料卸在塑料布上堆成堆。四边成斜坡，压实后用塑料布封好，用土压实。青贮袋是将切碎的青贮料装入较厚的塑料袋中而发酵的一种青贮方法，此法简单易行，饲喂方便，适合一家一户使用。但数量有限，不易压实，塑料袋易被扎破，影响青贮质量。在制作苜蓿青贮前要先对青贮窖进行消毒，消毒可使用5%的碘伏溶液或25%的漂白粉溶液消毒。

适时刈割：青贮苜蓿的收割时间，可根据饲喂家畜种类的不同和刈割次数不同来确定（图7-2）。用来饲喂奶牛时，应在初花期至盛花期刈割；饲喂肉牛和羊时在盛花期刈割；饲喂幼畜或怀孕母牛。在孕蕾期至初花期刈割；饲喂猪禽时在分枝期至孕蕾期。

水分调节：在田间自然状态下，将苜蓿茎叶内的含水量晒至40%～60%。苜蓿晾干至叶片卷成筒状，叶柄易折断，压迫茎干能挤出水分，此时切碎入窖，其含水量为50%左右。

运送切碎：将晾晒好的苜蓿由田间运到青贮窖或其他青贮容器旁边，切成3～5cm的碎段入窖。

图7-2　紫花苜蓿机械化青贮作业

装填和压实：青贮前，应将青贮设施清理干净，窖底可铺一层10~15cm切短的秸秆等，以便吸收青贮汁液。窖壁四周衬一层塑料薄膜，以加强密封和防止漏气渗水。装填时，应边填边压实，逐层装入，时间不能延长，速度要快。一般小窖要当天完成，大型窖2~3d内装满压实。

切碎的原料在青贮设施中都要装匀和压实，而且压得越实越好。尤其是靠近壁和角的地方不能留有空隙，以减少空气，利用乳酸菌的繁殖和抑制好气性微生物的活力。小型青贮窖可用人力踩踏，大型窖则用履带式拖拉机来压实。

密封：原料装填压实后，应立即密封和覆盖，以隔绝空气与原料的接触，并防止雨水进入。青贮容器不同，其密封和覆盖方法也有所差异。以青贮窖为例，在原料的上面盖一层10~20cm切短的秸秆或青干草，草上盖塑料薄膜，再压50cm的土，窖顶呈馒头状以利于排水，窖四周挖排水沟。密封后，需要经常检查，发现裂缝和空隙时用湿土抹好，以保证高度密封。

二、塑料袋青贮

塑料袋的选择：可选择用市场上1m×1.8m的成品青贮袋或宽1m、厚8丝以上的筒状塑料薄膜，按青贮量的多少裁剪长度，用橡皮筋或封口机封严一段即可。

首蓿收割、晾晒、切碎等生产工序与窖贮基本相同。

装袋：首先检查青贮袋的完好性，应无破损，封口一段是否漏气，然后选择人畜不经常到的场地或贮草库，打扫干净，拉开青贮袋边装边压实，装满后用橡皮筋扎紧。

装填注意事项：装袋后整齐堆放在墙角或较安全的地方，经常检查青贮袋是否被人或鼠虫等损坏，一经发现，立即用胶带纸修复。贮藏15~30d即可使用。

三、裹包青贮

拉伸膜裹包青贮是目前世界较先进的青贮技术，也是低水分青贮的一种方式。

裹包：将切碎的首蓿打捆压实，主要目的是将贮料间的空气排出，最大限度地减少首蓿被氧化的程度。该工序是由打捆机来完成的，一般草捆重量为500~600kg/m³，压缩率为40%左右。然后用裹包机械将草捆用专门青贮拉伸膜包裹，经过30d左右发酵完成。

第五节　混贮

一、混贮原料选择

首蓿蛋白含量高，碳水化合物含量则很低，因此，不利于青贮饲料的发酵。生产时间中首蓿可以与玉米秸秆、甜菜叶、禾本科牧草、天然牧草、胡萝卜或饲用甜菜等进行混合青贮。所选择的混贮原料含糖量均高于首蓿，可补充首蓿含糖量的不足，促进乳酸发酵，提高青贮饲料发酵效果和品质。

二、混贮比例

一般为首蓿：禾草=1：1或2：1，首蓿：其他牧草=1：1或1：2

第六节　添加剂使用

要想实现理想的发酵，需要1g青贮原料表面附着的乳酸菌数量大约10万个以上，而苜蓿鲜草没有足够数量的乳酸菌。苜蓿常规发酵较差，不良微生物活动造成大量的养分损失，青贮质量下降。加入添加剂能影响微生物作用，控制青贮发酵，进而获得优质的苜蓿青贮饲料。

苜蓿由于含糖量较低，因此在青贮时加入玉米面、蜜糖等增加其含糖量，可促进乳酸菌发酵，保证青贮质量；加入盐可以防止腐败菌的繁殖；加入乳酸菌或酶制剂等微生物发酵剂可提供大量乳酸菌，快速生成乳酸，抑制其他有害微生物的繁殖，提高青贮料品质；提供酵母菌、芽孢杆菌可促进乳酸菌的快速繁殖和增加青贮料中的益生菌数量；制剂中所含的消化酶可使青贮料中部分多糖水解成单糖，有利于乳酸菌发酵。

第七节　管理维护

密封后的青贮设施，必须定期检查有无漏气、漏水等现象，如发现及时修补。

第八节　取用及饲喂注意事项

一般经过40～50d即可完成发酵，青贮窖开启后就必须连续利用，根据饲喂量来决定取料量，每天取料一次，取料后将开口处密封好，减少空气接触和雨水侵入，防止二次发酵，不能掏洞取料。

有腐臭味的苜蓿青贮料不能饲用。青贮料当天取出，当天喂完。初喂家畜时，用量不宜过大，应逐渐增加饲喂量。家畜对青贮料逐步适应后，饲喂量可达到青鲜苜蓿饲喂量的50％～80％。每头家畜每天苜蓿青贮饲料适宜的饲喂量是：泌乳奶牛及育肥期肉牛15～25kg；干乳期奶牛和架子牛10～15kg；山羊1.5～2.5kg；小尾寒羊2.5～4kg；绵羊2～3kg；繁殖母猪3～5kg；架子猪1.5～3kg；怀孕母畜后期不宜多喂。

第八章　其他青贮原料的调制

第一节　甜高粱青贮调制

高粱是世界上最古老的粮食和饲用作物之一，其地位仅次于小麦、水稻和玉米。高粱的茎秆与籽粒都含有丰富的营养，其青绿的茎叶（尤其甜高粱）是猪、牛、马、羊的优良粗饲料，青饲、青贮或调制干草均可。高粱成熟前的新鲜茎叶中含有羟氰苷，在酶的作用下产生氢氰酸，家畜采食过多会引起中毒。因此，高粱宜在抽穗时刈割利用或与其他青饲料混合饲喂。另外，调制青贮料或晒制干草后毒性也可消失。

甜高粱（*Sorghum dochna*）调制青贮饲料，茎皮软化，适口性好，消化率高，是家畜的优良储备饲料（图8-1）。其青贮调制工艺与全株玉米调制相同，调制时要现割现贮，越新鲜越好，可全株粉碎青贮或割下穗头，用青秸秆青贮。

图8-1　贵州地区种植的甜高粱

青贮甜高粱的营养价值受生育期的影响较大,不同生育期营养特性和青贮特性有很大的差别。尽管完熟期籽粒产量最高,但粗纤维含量增多茎秆坚硬,适口性降低,消化率下降。作为青贮高粱乳熟晚期收获最佳,此时青贮饲料中籽粒占20%~30%,具有更高的营养价值。而收获过早的青贮原料干物质偏低,pH值偏高,影响青贮甜高粱的营养价值(图8-2)。

饲用甜高粱青贮方法有窖式青贮、地面青贮、青贮壕青贮、青贮塔青贮、青贮堆青贮、青贮袋青贮等。大型养殖场、户和小区较常用的方法是窖式青贮,小型散养农户采用青贮袋青贮,下面主要介绍饲用甜高粱窖式青贮方法。

图8-2　收割粉碎一体机作业

一、青贮方法

(一)青贮窖清洗、消毒

青贮前将青贮窖内的杂物清除,先用水冲洗,干燥后用百毒杀、百菌灭、消毒威等消毒药对青贮窖内外及其周围进行消毒备用。

(二)青贮原料准备及用法

青贮原料包括饲用甜高粱、食盐、乳酸菌、尿素添加剂和密封用塑料薄膜及泥土等。饲用甜高粱选择晴朗天气收割抽穗期

饲用甜高粱全株，在地里摊开阳光照射，晒至水分为60%～70%（即以手用力拧扭饲用甜高粱茎秆不断为宜），将饲用甜高粱切碎铡短到2～3cm。

食盐用法：在青贮开始前，先把食盐粉碎成细末，按青贮料饲用甜高粱重量的0.3%～0.5%添加量与切碎的饲用甜高粱均匀混合后，装入青贮窖或青贮池内。

乳酸菌的添加：根据所需青贮饲用甜高粱的总重量，按照每吨饲用甜高粱青贮原料添加乳酸菌干粉3g。方法：称取乳酸菌干粉，按乳酸菌干粉3g加入微温清水2L的比例，充分搅拌均匀，在常温下放置2～3h后，按每吨青贮饲料喷洒2L计算，均匀喷洒在青贮饲料上。尿素的应用：按每吨鲜饲用甜高粱添加2.5～5kg计算，根据所需青贮饲用甜高粱的总重量称取尿素，均匀地洒在青贮饲料上。

（三）填装入窖、压实和密封

将青贮窖（池）彻底打扫干净，窖底部填层1～15cm厚、切短的、不霉烂的干稻草、玉米秸秆或野草。然后将添加有食盐、乳酸菌和尿素及切短的饲用甜高粱搅拌均匀，在装填时集中人力和机具，从下而上逐层装填，每层为10～15cm厚，每装填层用拖拉机等大型机械或人工踩压，使青贮原料变得紧实（图8-3），当装填至离窖口30cm时，在窖壁上铺塑料薄膜以备封窖，青贮装满后用塑料薄膜覆盖窖顶，上面压10～15cm不霉烂的干稻草或野草，然后压上40～50cm的湿土，用锄头或铁铲覆盖拍实，并堆成馒头型，以利于排水。

（四）青贮窖的管理

在加工好的窖（池）四周1m的地方挖好排水沟，也可在青贮窖（池）上方建简易雨棚，防止雨水渗入窖内。青贮后5～6d进行全面检查，发现塌陷时应及时修补，以防漏水漏气。防止牲畜践踏和防鼠破坏，以保证青贮质量。

图8-3 压实

（五）取用

青贮45d左右即可开窖饲用。取用青贮饲料时，从青贮窖一端打开，要分段自上而下垂直取料，随取随喂，取用后及时将暴露面盖好，以防日晒、雨淋和二次发酵。

第二节 黑麦草青贮调制

黑麦草（*Loliumperenne*）属于多年生植物，株高30～90cm，叶舌长约0.2cm；叶片柔软，具微毛，有时具叶耳（图8-4）。穗形穗状花序直立或稍弯。黑麦草再生能力强，可反复刈割，因此黑麦草应适时刈割。刈割次数的多少主要受播种期、生育期气温、施肥水平影响。秋播的黑麦草生长良好的情况下，可以刈割2～3次。黑麦草青贮可以保持原料青绿多汁，营养成分损失率8%～10%。其青贮提高了消化率，保持了饲料原有的多汁特点。我国黑麦草主要集中在南方，青贮比干草受气候影响小，有很大的优势。

黑麦草青贮最好选择3月底至5月初，属于秋播黑麦草，株高70～80cm，在抽穗前青贮。黑麦草的留茬高度控制在5～8cm，过高影响产量，过低影响再生且易带入泥土增加灰分含量和有害菌数量。

图8-4　黑麦草

刘割后晾晒处理，一般田间晾6～8h，水分控制在60%～65%，阴天可适当延长晾晒时间。秋播黑麦草在3—5月期间产量可占总产量的80%，同时水分含量在85%～95%，水分高的黑麦草刘割后直接青贮不易成功。含水量降到70%以下，添加青贮剂能有效抑制梭菌等有害菌的活动，可提高发酵品质。如果在天气条件不允许的情况下，不具备晾晒萎蔫条件，水分达不到要求，在青贮时可添加干草混贮，干草用甲酸进行表面消毒处理，稀释比例0.1%～0.2%，用塑料薄膜对干草包围，密封1～2d。黑麦草原料与青干草混合，然后在粉碎，水分控制在65%左右。黑麦草青贮原料进行切碎时，切割长度在3～5cm，若黑麦草干物质低于20%，需添加青干草，干草切碎长度2～3cm。

其青贮工艺参考全株玉米青贮。

第三节　皇竹草青贮调制

皇竹草（*Pennisetum purpureum*）是由象草和美洲狼尾草杂交选育而成，C4植物，狼尾草属，为多年生直立丛生的禾本科植物。直立丛生，单株分蘖30～40个，年产鲜草15万～22.5万kg/hm^2，叶量丰富，质地柔软，茎秆脆嫩多汁，粗蛋白质含量为

7%～11%，适口性较好，是牛、马、羊、兔、鱼等草食动物的优良饲料。同时，根系发达，固土能力强，也是控制水土流失和抑制紫茎泽兰较好的先锋植物。适宜热带和亚热带地区种植。皇竹草是贵州省低热河谷地区种植面积最大的草种之一。随着近年来农业产业结构的调整，皇竹草种植面积不断增加，春夏季是皇竹草生长旺季，对其进行有效的保存是高效利用皇竹草的重要措施。

皇竹草的刈割周期对产量有着至关重要的影响。皇竹草作为青饲料，刈割周期为60d的刈割最适宜（产量高、适口性好、再生速度快）；作为青贮饲料刈割周期应该在120～150d。饲喂牛羊反刍家畜在植株高1.5～1.7m时刈割制作青贮，饲喂兔、家禽、鱼的在植株高0.7～1.1m时刈割青贮。

皇竹草采用收割机或人工收割，使用粉碎机粉碎，粉碎长度为2～3cm，留茬高度为12～30cm，留茬过低木质素含量较高，营养价值差，且下层黄叶腐烂、带入泥土影响发酵品质；避免在雨天收割，以减少病虫害发生。

皇竹草青贮方法有窖青贮、地面青贮、青贮壕青贮、青贮塔青贮、青贮堆青贮、青贮袋青贮等。大型养殖场、户和小区较常用的方法是窖青贮，小型散养农户采用青贮袋装青贮，皇竹草的袋装青贮灵活、方便、高效、低成本的保存方式，在生产上广泛使用。

现主要介绍皇竹草袋装青贮方法。

一、青贮材料的准备

收获期：皇竹草植株长至1.5～2m时即可收获，收获时应选择晴天收割。

杂质清除：将收割皇竹草中的泥土、有毒有害杂草等物质清除干净。

揉碎切短：利用揉丝机将皇竹草茎叶揉成丝状，切成2～3cm长，以利于压紧排除料间空气，提高青贮饲料的质量。

晾晒：切后晾晒1～2d，青贮皇竹草最适宜的含水量为

65%~70%。

水分现场判断：取切短的青贮原料，用双手挤压后慢慢松开，指缝见水不滴、手掌沾满水为含水量适宜；指缝成串滴水则含水量偏高；指缝不见水滴，手掌是干的则含水量偏低。

添加食盐：青贮原料中添加占原料重量5%的食盐，以利于青贮发酵。

二、青贮饲料制作

装袋：将经过上述处理后的皇竹草装入青贮袋中。在装袋过程中边装、边压实，逐层装入。

密封：装好皇竹草的青贮袋，要在不损坏青贮袋的前提下，尽可能将袋口扎紧、密封。封口时不留缝隙。

检查：封口后仔细检查青贮袋有无破损，发现破损应及时用透明胶布粘补。

三、贮存管理

封口后可堆垛存放，堆垛存放高度最多5层。贮存场地应平坦坚实，有遮阳棚，防止阳光直射、雨淋青贮饲料，造成二次发酵而影响营养成分的损失。冬天应防冻。注意防鼠及防御其他破坏青贮袋的因素，如家畜、动物、鸟类。贮存期间应不定期检查，发现青贮袋破损及时修补。

四、青贮皇竹草的取用

取用时间：青贮皇竹草一般35d后可取用。

取用方法：取用时，应视家畜采食量随用随取，逐层取用，若表层有霉烂，应清除霉烂部分。每次取用后立即扎口密封，并于5d内连续取用完，防止二次发酵、霉烂，减少损失。

第四节　甘蔗（梢）青贮调制

甘蔗（*Saccharum officinarum*）是禾本科（Graminaeeae）甘

蔗属（*Saccharum* L）植物，是我国制糖的主要原料。甘蔗叶梢，又称甘蔗尾叶，是收获甘蔗时顶上最嫩节和青绿叶片的统称，也是甘蔗生产中的主要副产物之一，约占甘蔗生物总量的20%。

贵州是全国唯一没有平原支撑的内陆省份，山地面积约占90%、剩下不足10%的平坝地，且喀斯特地区面积达75%，所以蔗糖产业的发展成为贵州地热山区的一项特色扶贫开发区域产业。同时贵州是农业农村部1987年规划的全国7个南亚热作省区之一，贵州蔗区分布在800m以下的地热河谷地区（图8-5）。

甘蔗梢是一种优良的养牛饲料，由于甘蔗砍收期短而集中，在甘蔗产区蔗梢的数量大，其营养价值高，经测定，每千克甘蔗叶（干物质）含消化能约5.68MJ、粗蛋白质3%~6%，大约3.5kg甘蔗叶与1kg玉米的营养价值相当，甘蔗尾叶青贮是一项合理利用资源，减少家畜对粮食和牧草的消耗，同时调节青绿饲料的余缺，解决牛羊饲草季节性短缺的重要举措，对发展牛羊养殖，增加农民收入具有重要意义。

图8-5　甘蔗种植

一、青贮工艺

（一）青贮池的选址

建青贮池是为了形成厌氧环境，使甘蔗尾叶完成发酵过程，所以池址应选在地势高、易排水、地下水位低的地方。同时为了方便饲养管理，减轻劳动强度，建议将青贮池建在离畜舍较近的地方。

（二）青贮调制

收获原料：收获甘蔗的同时，组织专人收集余下甘蔗稍，应在最短时间内完成收集并运往青贮场所，一般耗时不超过2d。

调节水分：装窖前须把原料调节至合适水分65%～75%（手用力握紧有水渗出但不滴下），如水分过高，应适当晾晒，如水分过低，应适当洒水，边洒水边装窖（图8-6）。

图8-6 贵州小型青贮窖制作甘蔗发酵饲料

切碎装窖：可用铡草机、切碎机、揉碎机等机械进行交替作业，边切碎边装窖，切碎长度不超过2cm为宜。

压实：原料的装窖与压实应在青贮窖内交替进行，迅速且均匀，每装约30cm厚的原料后，用青贮压窖机或自重较大的轮式拖拉机反复碾压将原料充分压实，压实后无明显轮胎印痕。

密封：装窖完成后用塑料薄膜立即密封，使原料完全被盖严并贴合紧密，塑料薄膜重叠交错处至少交错1m，用20～30cm厚的土或废旧轮胎等无棱角重物压实边缘及交错处。留排气孔，中大型青贮窖应在顶部留有排气孔，以利排出窖内的气体。排气孔要留在窖顶的中线上，根据窖的大小一般每隔4～5m留一个排气孔，排气孔的直径为20～30cm，留排气孔时，须将顶部的塑料薄膜剪开直径为20～30cm的洞，然后将玉米秸秆扎成捆插在上面，并在玉米秸秆周围培土压实。

封排气孔：装窖完成5～7d，空气基本排尽，需将气孔封死。用大于排气孔半径2倍的塑料薄膜将排气孔盖好并覆土、拍平、压实，做到不透气、不漏水。

（三）注意事项

（1）青贮窖应以楔形装窖，逐层充分压实，并根据密封的要求分段装窖。

（2）装窖过程中，应保持中间略低、窖壁附近略高的凹面，以确保边角能充分压实。

（3）装窖完成时，原料应高出窖口30～50cm，呈馒头状，以便青贮料保持紧实及雨水排出。

（4）装窖密度应不小于650kg/m³，原料压实前后体积比应大于2∶1。

（5）青贮窖应在3d内完成装窖，大型青贮窖可分段进行，单次装窖耗时不宜超过3d。

（6）塑料薄膜的厚度一般在0.7mm以上，应无毒无害，耐老化。

二、甘蔗尾叶青贮料的利用

在厌氧的条件下，经过40d左右甘蔗尾叶完成发酵过程，就成为甘蔗尾叶青贮饲料，即可取出喂养牲畜，也可以等到饲草缺乏时再开池取用。开池时要注意观察青贮料的颜色、气味，发酵成功的甘蔗尾叶青贮料，颜色呈黄绿色，散发出酒香味。如果颜色变黑、发黏、结块、发霉的，不能饲喂。拿开封住池门的木板，从上到下垂直取料，形成一个切面，不可从中随意往里取，每天至少往里取15cm，避免青贮料二次发酵。同时，每天取料

后，要及时封盖起来，防止日晒雨淋，避免氧化变质。不论是开喂还是停喂，都要有一个循序渐进的过程，即开喂时应由少到多，逐渐增加，停喂时由多到少，逐渐减少。

第五节　构树青贮调制

构树（*Broussonetia papyrifera*）属于桑科构属落叶乔木，构树具有生长迅速、适应性强、耐盐碱、易繁殖、轮伐期短的特点，是城市园林绿化，特别是工矿企业、山坡荒地种植的理想树种。构树全身都是宝，具有极高的经济价值，近年来发展迅速。构树叶富含植物营养液，是各种家畜的良好食物。构树容易成活，山间地头随处可长，不需占用耕地，而且叶子易摘、易晒、易干。通过对构树叶营养价值研究，人们发现构树叶蛋白质含量高达20%~30%，氨基酸、维生素、碳水化合物及微量元素也十分丰富，经科学加工后是很好的畜禽饲料。构树叶直接作为饲料时，动物难以消化吸收其蛋白，饲养效率不高，可利用构树进行青贮发酵，从而提高饲养效率。

当构树的枝条高度在80~120cm可收割青贮，每次刈割留茬高度为10~15cm，粉碎长度为1~2cm，粉碎后进行青贮，构树的枝叶蛋白质含量高，糖分较少，青贮时必须加入青贮添加剂，否则很难青贮成功。

根据饲养规模，地理位置，经济条件和饲养习惯采用不同的青贮方式，可以选择：窖贮、袋贮、包贮、池贮和塔贮，也可在平面上堆积青贮等等。将树叶铡成2~3cm长的碎片，然后按照青贮工艺与其他饲料混合进行青贮（图8-7）。

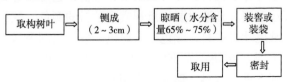

图8-7　构树青贮调制流程

其余各步骤方法参考紫花苜蓿青贮。

REFERENCES

参考文献

曹志军，杨军香. 2014. 青贮制作实用技术[M]. 北京：中国农业科学技术出版社.

皇草青贮、微贮技术规程（DB52/T 1131—2016）.

李峰，陶雅，刘熙. 2017. 青贮饲料调制技术[M]. 北京：中国农业科学技术出版社.

刘禄之. 2004. 青贮饲料的调制与利用[M]. 北京：金盾出版社.

孙启忠，玉柱，赵淑芬. 2008. 紫花苜蓿栽培利用关键技术[M]. 北京：中国农业出版社.

徐春城. 2013. 现代青贮理论与技术[M]. 北京：科学出版社.